宠物
美容与护理

主　　编 ○ 陈张华　张　斌　林建和
副 主 编 ○ 吴　辉　钟余守
参　　编 ○ 段　茜　张　娟　李福泉　黄晓云
企业指导 ○ 朱银娟

U0205629

西南交通大学出版社
·成都·

图书在版编目（CIP）数据

宠物美容与护理 / 陈张华，张斌，林建和主编. —
成都：西南交通大学出版社，2019.1（2020.1 重印）
　ISBN 978-7-5643-6759-6

Ⅰ. ①宠… Ⅱ. ①陈… ②张… ③林… Ⅲ. ①宠物 –
美容 – 教材②宠物 – 饲养管理 – 教材 Ⅳ. ①S865.3

中国版本图书馆 CIP 数据核字（2019）第 024610 号

宠物美容与护理

主编　陈张华　张　斌　林建和

责任编辑	张华敏
特邀编辑	陈正余
封面设计	何东琳设计工作室

出版发行	西南交通大学出版社 （四川省成都市二环路北一段 111 号 西南交通大学创新大厦 21 楼）
邮政编码	610031
发行部电话	028-87600564
官网	http://www.xnjdcbs.com
印刷	四川煤田地质制图印刷厂

成品尺寸	185 mm × 260 mm
印张	7.5
字数	186 千
版次	2019 年 1 月第 1 版
印次	2020 年 1 月第 2 次
定价	30.00 元
书号	ISBN 978-7-5643-6759-6

课件咨询电话：028-81435775
图书如有印装质量问题　本社负责退换
版权所有　盗版必究　举报电话：028-87600562

前　言

在我国，随着社会经济发展和人们生活水平的不断提高，宠物的家庭饲养量逐渐增多。据有关资料显示，我国宠物量以每年 20% 的速度递增，这说明我国宠物行业已进入快速发展的行业周期。宠物美容作为专门为宠物服务的新兴行业也悄然走入我们的日常生活，并被越来越多的人所接受和需要。近几年来，我国宠物行业发展较快，市场对该行业从业人员的需求量显著增加。为了适应市场需求，许多职业院校和一些培训机构专门开设了相关课程来培养宠物美容从业人员。为了适应教学的需要，我们编写了本教材。

本教材在编写时，充分考虑到将教学内容与实践相结合，从宠物的解剖知识、宠物美容的基本常识等内容开始，再根据宠物美容工作的性质和要求，分别对宠物美容工具、犬猫的基础护理、常见犬种的造型修剪、宠物特殊美容与护理及宠物美容店的经营管理等内容进行了介绍。为了保证本书在内容上更加贴近实际操作并紧跟行业发展动向，我们特别邀请了行业专家对本书的内容进行指导和把握。为了更加生动形象地介绍和展示宠物美容工作的每一个细节，我们在本教材的相关内容中置入了大量现场操作的图片和视频，作为本教材内容的补充，相信这些图片和视频有助于读者对书中内容更好地理解和掌握。

在此书出版之际，编者特别感谢为本书编写提供帮助的所有人。希望通过我们的努力，能让更多的人掌握宠物美容技术，使宠物在宠物美容师的护理下变得更加健康可爱，给人们的生活带来快乐，同时为我国宠物美容事业的发展尽微薄之力。

本教材共分为六个项目，二十一个模块，具体分工如下：项目三由陈张华、张斌、林建和编写，其中贵宾犬及比熊犬修剪视频及图片由湖州齐欣宠物美容学院提供；项目一由段茜编写；项目二由吴辉编写；项目四由李福泉、张娟编写；项目五由黄晓云编写；项目六由钟余守编写。全书由陈张华统稿。

本教材既可作为职业院校和培训机构的教学用书，也可作为宠物美容爱好者和从业人员的学习参考用书。

在本书编写过程中，引用了部分同行和专家的著作和成果，在此向这些资料和成果的原作者一并表示感谢。

虽然编者尽了最大努力，但因水平有限，书中不足和疏漏之处在所难免，恳请广大读者多提宝贵意见和建议，使之不断完善和提高。

编　者
2019 年 1 月

目　录

项目一　宠物美容的基础知识 ………………………………………………………… 1
　　模块一　宠物美容的起源和发展现状 ………………………………………………… 1
　　模块二　犬种分类及犬展与犬会 ……………………………………………………… 2
　　模块三　犬、猫的解剖结构 …………………………………………………………… 9
　　模块四　犬、猫的美容保定 ………………………………………………………… 14

项目二　宠物的基础美容与护理 …………………………………………………… 19
　　模块一　美容用具的识别和使用 …………………………………………………… 19
　　模块二　犬、猫的基础美容护理 …………………………………………………… 25
　　模块三　宠物犬的水疗护理 ………………………………………………………… 38

项目三　犬的造型修剪 ……………………………………………………………… 40
　　模块一　贵宾犬的美容修剪 ………………………………………………………… 40
　　模块二　比熊犬的美容修剪 ………………………………………………………… 48
　　模块三　博美犬的美容修剪 ………………………………………………………… 52
　　模块四　北京犬的美容修剪 ………………………………………………………… 55
　　模块五　西施犬的美容修剪 ………………………………………………………… 60
　　模块六　雪纳瑞犬的美容修剪 ……………………………………………………… 64
　　模块七　常见大型犬的美容修剪 …………………………………………………… 69

项目四　宠物犬的特殊美容 ………………………………………………………… 73
　　模块一　宠物染色技术 ……………………………………………………………… 73
　　模块二　宠物包毛技术 ……………………………………………………………… 80
　　模块三　宠物犬的立耳术 …………………………………………………………… 85
　　模块四　宠物犬的断尾术 …………………………………………………………… 87

项目五　不同特征的犬、猫护理 …………………………………………………… 90

项目六　宠物美容店的开办与经营管理 …………………………………………… 100
　　模块一　宠物美容行业的认知 ……………………………………………………… 100
　　模块二　宠物美容店的开业筹备 …………………………………………………… 103
　　模块三　宠物美容店的经营管理 …………………………………………………… 106

附录　犬猫的常见品种 ……………………………………………………………… 110

参考文献 ……………………………………………………………………………… 114

项目一　宠物美容的基础知识

模块一　宠物美容的起源和发展现状

一、宠物美容的起源

历史上最早的宠物美容活动起源于英国的伊丽莎白时期，但那时关于宠物美容的方法还不是很明确，记载中只是简单地描述了宠物犬的清洁和简单修饰。当时有一副关于犬只美容的平板印刷品，作品中展示了一只被修剪过的犬正坐在它的女主人衣裙边，另外还有一些印刷品展示了当时女人们修剪犬只毛发的画面。

17世纪的法国，贵妇犬作为宫廷里的官方犬种，深受贵妇们的喜爱，因此贵妇犬种因法国贵妇而出名。此后人类开始用心打理宠物犬，这种艺术在法国路易十五统治时期和路易十六统治时期非常繁荣。据记载，最早的宠物美容店开始于法国路易十五时期。

在过去的几个世纪中，宠物犬很舒适地生活在国王和皇后的城堡里。但是它们在市场上却被视为工作犬，如贵宾犬。关于宠物美容的起源还有另外一种说法，早期的贵宾犬是作为猎犬来协助主人捕鸟和捉鱼的，它们必须在树林里、矮木丛中穿梭或下河摸鱼，而其一身浓密的卷毛容易被树枝钩住，下河游泳也很不方便，于是主人为了让犬只能顺利地搜寻、捕捉猎物，特意去掉了它们身上多余的被毛以便减小它们在水中的阻力和避免它们在丛林中被树枝挂住，而它们身体上留下来的被毛则是为了更好地保护它们。后来，当它们不再是工作犬时，对它们的毛发修剪就逐渐变成了一种时髦，进而演变成一个行业——宠物美容业。当今，宠物美容业在世界范围内已经相当普及和发达。

二、我国宠物美容行业的发展状况

随着我国社会经济的不断发展和进步，人们的物质生活也逐渐丰富多彩，饲养宠物的人士不断增多，这也促使我国宠物行业对专业人士的需求越来越多，要求越来越细化，包括兽医师、兽医助理、宠物美容师、专业的繁殖者、驯犬师、带犬比赛的牵犬师等，同时还成立了具备专业资质的犬协，这一切都说明我国宠物行业的发展正在蒸蒸日上，尤其是宠物美容行业的发展非常迅速。如今宠物美容的复杂程度已不亚于人类的美容，对环境、设备、美容师的资质及服务态度等要求比较高。宠物现在也可以进行水疗、泥浴、药浴等，这些服务在一些发达国家已经很平常，但在我国还不是很普及，目前我国的宠物美容也正在向这个方向发展，从最早的只是剃毛发展到毛发造型继而又发展到像人一样可以焗油、漂白，现今国内的宠物美容行业正在与国际接轨。

宠物美容是一门天赋和训练相结合的艺术，要想做一个合格的宠物美容师，仅有热情是不够的，还必须懂得解剖学、宠物护理修剪技巧以及其他相关的卫生常识，熟悉大多数犬和猫的品种特性、品种标准以及流行的宠物美容风格。这种能力是不可能一蹴而就的，必须花大量的时间去学习和实践，并接受正规化的培训。为了促进宠物服务行业的健康发展，提高和规范宠物服务行业从业人员的职业素质与执业行为，我国劳动社会保障部中国就业培训技术指导中心已于 2006 年将"宠物美容、宠物诊疗、宠物驯养、宠物护理"等宠物服务项目作为新职业岗位纳入 CETTIC 的培训体系之中，并在全国范围内开展宠物服务行业职业培训项目推广和培训认证工作，对于培训合格者将由劳动保障部颁发 CETTIC 职业培训证书，此证书序列号为唯一编码，是我国宠物服务行业人员就业的凭证和学员结业的资格证明，具有法律性和权威性。由此可见，我国宠物服务行业越来越正规化并受到重视。

模块二　犬种分类及犬展与犬会

根据品种不同，犬只之间的体格差异很大。常见的大型犬有山地犬、藏獒等；常见的小型犬有吉娃娃、贵宾犬等。除此以外，犬的外形也存在很大差异，例如高大优雅的阿富汗猎犬、外形凶悍的斗牛犬、满脸皱纹的沙皮犬等，可谓丰富多彩。世界各地对犬的分类方法有很多，其中以美国育犬联盟（AKC）和欧洲育犬联盟（FCI）对犬的分类法较为权威。

一、犬种分类

（一）美国育犬联盟（AKC）对犬种的分类

人们根据犬只的用途，将犬分为七大类：运动犬、狩猎犬、㹴犬、玩赏犬、非运动犬、工作犬、畜牧犬。

1. 运动犬（Sporting Group）

运动犬善于帮助人们猎鸟、指示捕猎目标、追踪猎物和拾回猎物等，喜欢亲近人类，性格活泼而警觉。如金毛寻回猎犬、拉布拉多猎犬、可卡犬等。

2. 狩猎犬（Hound Group）

狩猎犬靠嗅觉和听觉追赶捕猎，它们依靠很强的嗅觉和听觉去追踪猎物，拥有极快的奔跑速度，可爱并且非常亲近人类。如阿富汗猎犬、比格犬、腊肠犬等。

3. 工作犬（Working Group）

工作犬可以完成各种使命，如拉车载物、看门等，体型较大，聪明且护主。如阿拉斯加雪橇犬、杜宾犬、罗威纳犬等。

4. 㹴犬（Terrier Group）

㹴犬源于小型狩猎犬，是近几百年来英国培育出来的品种，它们坚韧、聪明、勇敢、活跃、好奇、精力充沛，体态大都较小，如迷你雪纳瑞犬、西部高地白㹴犬、万能㹴犬等。

5. 玩赏犬（Toy Group）

玩赏犬一直被当作人类的同伴饲养，它们体型娇小，喜欢与人相伴。如博美犬、北京犬、吉娃娃等。

6. 非运动犬（Non-Sporing Group）

非运动犬一般指家庭犬，这类犬与其他犬的标准不同，它们没有什么共同的特点，它们的面容、体态及毛色都没有相似之处。但是它们是优秀的家庭伙伴，如比熊犬、松狮犬、迷你贵宾犬等。

7. 畜牧犬（Herding Group）

畜牧犬与家畜共同生活并承担放牧工作，有极高的智商和强壮的体格，运动量很大。如苏格兰牧羊犬、德国牧羊犬、边境牧羊犬等。

（二）欧洲育犬联盟（FCI）对犬种的分类

1. 牧羊犬和牧牛犬（Sheepdogs and Cattle Dogs）

不包含瑞士牧牛犬组。

2. 宾莎犬和雪纳瑞犬、獒犬、瑞士山地犬和牧牛犬（Pinscher and Schnauzer、Molossoid breeds、Swiss Mountain and Cattle Dogs and other breeds）

3. 㹴犬组（Terriers）

4. 猎肠犬组（Dachshunds）

5. 尖嘴犬和原始犬种组（Spitz and primitive types）

有北欧雪橇犬、北欧猎犬、北欧护卫犬及牧羊犬、欧洲狐狸犬、亚洲狐狸犬及相关犬种、原始犬种、原始猎犬、原始脊背猎犬。

6. 嗅觉猎犬和相关犬种组（Scenthounds and related breeds）

有嗅觉猎犬、控制型嗅觉猎犬和相关犬种。

7. 短毛猎犬组（Pointing Dogs）

有欧洲大陆指示猎犬与英国及爱尔兰猎犬。

8. 寻回猎犬、搜寻犬、水猎犬组（Retrievers-Flushing Dogs-Water Dogs）

有寻回猎犬、激飞猎犬、水猎犬。

9. 伴侣犬和玩具犬组（Companion and Toy Dogs）

有比熊犬、贵宾犬、小比利时犬、无毛犬、西藏犬种、吉娃娃犬、英国玩具猎犬、日本狆、北京犬、玩具猎犬。

10. 灵缇（视觉猎犬）组（Sighthounds）

包括长毛或丝毛视觉猎犬、粗毛视觉猎犬、短毛视觉猎犬。

二、犬展与犬会(协)

犬只的近代史也就是世界各国犬展与犬会发展的历史。今天诸多的犬只品种主要是18世纪至20世纪200年间繁育出来的。在这期间，人类社会尤其是西方各国经历了前所未有的空前的经济发展，社会的繁荣使人们开始注重休闲、娱乐和培养嗜好。在这期间，犬只与人类之间的关系也逐渐发生了变化，从原来作为人类的助手，帮助人类看守、畜牧、狩猎等人犬之间的工作关系变为伴侣、宠物的感情关系，人类逐渐感觉到了犬只的陪伴带给他们的很多乐趣。随着生活的不断富裕，人们开始将犬只当成宠物来饲养，从而衍生出纯种犬繁殖和犬展比赛的文化。1859年6月28～29日，世界最早的犬展在英国纽卡素市政厅举行。1873年4月4日，世界最早的犬会(协)在英国成立。纵观西方国家近代犬展的盛况就可以想象他们对犬文化的钟爱。

（一）犬会(协)

目前国际知名的犬协有英国犬协、美国犬协和世界犬业联盟，此外还有北美洲工作犬会（远东区）、亚洲育犬联盟、德国牧羊犬协会、中国畜牧业协会犬业分会、中国纯种犬俱乐部。这些组织各有特色。

1. 英国犬协（KC）

英国犬协成立于1874年，其主要工作是对已知的所有纯种犬加以登记注册，并承办犬展活动。KC不但是世界上最古老的犬协，也是世界上公认的对犬的种群分类最具有影响力的组织之一，至今由KC认定的犬种超过190种以上。英国犬协每年主办的克拉福特犬展闻名世界。

2. 美国养犬俱乐部（AKC）

美国养犬俱乐部又称美国育犬协会，于1844年成立于宾夕弗尼亚洲的费城，目前它已经成为美国最大的犬业俱乐部，也是世界最大的纯种犬协会。至2001年，AKC已认定了158种犬种。从2006年3月开始，AKC对所有进口的犬只进行DNA测试与登记。目前AKC的犬只DNA数据库已拥有超过30万只纯种犬的遗传基因谱。

3. 世界犬业联盟（FCI）

世界犬业联盟又称国际育犬联盟，于1911年成立，其创始会员国包括德国、奥地利、比利时、法国、荷兰等，现在已经拥有80多个国家及地区的会员（每个国家或地区仅限一个）。FCI是一个国际性的犬业机构，总部位于比利时的布鲁塞尔，它先后分别在欧洲、拉丁美洲、南美洲、亚洲、非洲、大洋洲等地区设立了分支机构，其中日本的JKC、法国的SCC，还有中国台湾地区的KCC等机构都是其分支机构。这些机构都保留有自己的特性，但都归属于FCI统一管理，并且采用相同的积分制度。FCI是一个以协调为主的组织，它并不处理犬只的注册事宜。它监督会员机构每年举办4次以上的全犬种犬展。FCI认定的犬种高达340种以上。

4. 北美洲工作犬会（远东区）

北美洲工作犬会（总部在美国）成立已有80多年历史，会员遍布全球，在五大洲都设立有分支机构。其分支机构北美洲工作犬会（远东区）于1986年12月正式在中国香港注册成立。

5. 亚洲育犬联盟（AKU）

亚洲育犬联盟是世界育犬联盟在亚洲的分支机构，其在日本的下属机构称为 JKC，在中国台湾地区的分支机构则简称 KCC。

6. 德国牧羊犬协会（SV）

德国牧羊犬协会于 1899 年 4 月成立，是世界上最大的单犬种繁殖协会。SV 负责对德国牧羊犬进行血统登记、发放血统证书及种犬评定检查、训练考试等，同时举办或协办德国牧羊犬单独展、考核驯犬师等有关德国牧羊犬的各项事宜。

7. 中国畜牧业协会犬业分会（CNKC）

CNKC 是在原中国犬业协会的基础上，经农业部和民政部批准，由从事犬业及相关产业的单位和繁育、饲养、爱犬人士组成的全国唯一的全犬种行业内联合组织。其宗旨是：整合行业资源、规范行业行为、开展行业活动、维护行业利益、推动行业发展，在行业中发挥管理、服务、协调、自律、监督、维权、咨询、指导作用。

8. 中国纯种犬俱乐部（CKC）

中国纯种犬俱乐部于 2004 年成立，是目前国内最专业的犬展组织机构。CKC 长期以来通过在全国各地举办犬展来普及纯种犬理念。为了使中国纯种犬的繁殖与国际犬业组织接轨，使国内纯种犬的管理和繁殖更加系统化和优化，进而保证 CKC 会员的利益，CKC 参考国际犬业组织的纯种犬繁殖登记管理方式，对国外以及中国香港、中国澳门和中国台湾地区进入中国大陆范围内的纯种犬进行鉴定和注册登记，并对 CKC 承认的国际犬业组织所核发的血统证书进行统一登记。

以上犬协各具特色，其中英国犬协、美国犬协和世界犬业联盟是最具影响力的世界三大犬协组织。KC 与 AKC 之间最根本的不同点是，KC 一直扮演着传统男性社交俱乐部的角色，直到 1979 年才允许有女性会员；而 AKC 则不是社交俱乐部的性质，而是一个庞大的非营利性组织，它有固定的雇员，并从全美各地 300 多个名犬俱乐部代表中选出董事会成员及董事长。AKC 的主要功能是犬只登记，但它的服务范围很广泛，在美国，每年由 AKC 组织的犬展最多，大到举世闻名的西敏寺犬展，小到不知名的乡村俱乐部犬展，每年大约要举办 3 000 场犬只比赛。

（二）犬展

自 1859 年在英国举行了第一次犬展以来，经过了一百多年，犬展已逐渐发展成了一项规则严密、程序完善、内容不断创新且在世界各地普遍举行的犬事活动。犬展大致可以分为：观赏展、繁殖展、冠军展、观摩展。我们国家举行的犬展一般是观赏展。观赏展就是观赏犬只的外形美与品性的展览。

早期犬展的目的是通过比赛，由具有专业知识和丰富经验的人评选出最佳种畜，以改良犬的品种。而现代的犬展已成了一种国际性的大众休闲娱乐活动。随着犬种的不断增加，犬展的规模也越办越大了。

犬展也可以理解为是犬只选美，但犬展更专业一些。犬展是由评审员对所有参展犬的姿态、外形、骨骼、表情、动作、步伐等进行全方位的审查，选出最接近理想标准的犬作为冠军犬。所谓理想的犬，就是犬的全身各个部位的状况符合该品种犬的标准。通常每过几年犬的标准就会有所改变，以迎合人们新的审美观，所以，及时了解犬只的最新标准是很重要的。

1. 犬展的组别设置

（1）国际犬展

国际犬展通常分为 7 大组别（组别设置因不同比赛而略有差异）。

① 枪猎犬组（Sporting Group）。包括可卡犬（Cocker Spaniel）、指示犬（Pointer）、赛特犬（Setter）、拉布拉多犬（Labrador）、英国激飞猎犬（English Springer）等。

② 狩猎犬（Hound Group）。如阿富汗猎犬（Afghan Hound）、比格犬（abeale）、腊肠犬（Dachshund）、寻血猎犬（Blood Hound）等。

③ 工作犬组（Working Group）。如大丹犬（Great Dane）、杜宾犬（Dobermann）、罗威纳犬（Rottweiler）、拳师犬（Boxer）、哈士奇（Siberian Hudky）、巨型雪纳瑞（Giant Schnauzer）等。

④ 狸犬组（Terrier Group）。包括约克夏犬（Yorkshire Terrier）、波士顿狸犬（Boston Terrier）、迷你雪纳瑞犬（Miniature Schnauzer）、西高地白狸犬（West Highland White Terrier）、贝林顿狸犬（Bedlington Terrier）、苏格兰狸犬（Scottish Terrier）。

⑤ 玩具犬组（Toy Group）。如博美犬（Pomeranian）、北京犬（Pekingese）、吉娃娃（Chihuahua）、玛尔济斯（Maltese）、八哥犬（Pug）等。

⑥ 家庭犬组（Non-Sporting Group）。如大麦町犬（Dalmatian）、比熊犬（Bichon Frise）、松狮犬（Chow Chow）、斗牛犬（Bull DOg）等。

⑦ 牧羊犬组（Herding Group）。如苏格兰牧羊犬（Rough Collie）、德国牧羊犬（German Shepherd Dog）、波利犬（Puli）、喜乐蒂牧羊犬（Shetland Sheepdog）等。

（2）国内犬展

CKU 组织的犬种比赛，犬的种群分组采用 FCI 的规则，分别设置不同的年龄组：

① 特幼犬组：4~6 月龄（比赛当天已满 4 月龄，但不足 6 月龄的犬）。

② 幼小组：6~9 月龄（比赛当天已满 6 月龄，但不足 9 月龄的犬）。

③ 幼年组：9~18 月龄（比赛当天已满 9 月龄，但不足 18 月龄的犬）。

④ 中间组：15~24 月龄（比赛当天已满 15 月龄，但不足 24 月龄的犬）。

⑤ 公开组：15 月龄以上（比赛当天已满 15 月龄及以上年龄的犬）。

⑥ 冠军组：冠军组的参赛条件是，拥有国际冠军头衔的犬只，参赛犬为 CKU 正式注册犬只。报名时需要提供具有冠军头衔标识的血统证书复印件或冠军登录证书复印件；冠军犬需要有明确的身份识别标识或芯片号码。

不能参赛的犬只包括：人为改变毛色、毛质的犬；为了美容和繁殖能力进行手术的犬；会攻击人或攻击其他犬只的犬；患病犬；残疾犬和畸形犬；单睾、隐睾和睾丸萎缩的公犬；发情母犬、哺乳期母犬和怀孕母犬；没有列入比赛秩序册的犬；其他组委会认为不具备参赛资格的犬。

2. 犬展的等级评定

每个组别至少有十几个具有代表性的犬种。国际犬赛的参赛犬通常多达数千只，因此，想要赢得国际高水平犬展的奖项是十分困难的事情。

① "优秀"级别：只授予那些非常接近理想犬种标准的犬只。此类犬具备极好的身体条件，表现出协调稳定的性情，具有高贵出色的体态，具有典型的性别特征。除此之外，允许

有极其轻微的瑕疵。

②"很好"级别：只授予具有典型犬种特征的犬只。此类犬体态均衡、体格健康，允许有轻微的缺点，但绝不允许有自然体态的缺陷。

③"好"级别：必须具有犬种的主要特征，但显示出无法隐藏的缺陷。

④"及格"级别：必须符合相应犬种的特征，但不具备被普遍认可的犬种的典型特点，或不具备可持续期待的身体条件。

⑤"不及格"级别：不符合犬种标准要求的犬只被认为是不合格犬只。这类犬只的习性明显不符合所属的犬种标准；或者具有攻击性，睾丸变异，有牙齿缺陷或额骨不规则；毛色或皮毛不理想或者明显表现出皮肤病的特征；身体有健康问题或具有繁殖标准里不允许的犬种缺陷。

⑥"无法鉴定"：包括那些不善于跑动，在牵犬师旁边不断上下跳跃，或设法从套环中逃脱，以至于无法使裁判评估它的步态和节奏的犬只；经常躲避裁判的检查造成无法诊断咬合、齿颌、骨骼结构、毛发、尾部或睾丸情况的犬只；试图欺骗裁判，掩盖接受过手术和治疗痕迹的犬只，例如眼睑手术、耳或尾部手术。

3. 各个奖项的评选方法

① 最佳单犬种母犬（Winner Bitch，简称W.B）：在所有参赛的单一犬种母犬中产生一名。

② 最佳单犬种公犬（Winner Dog，简称W.D）：在所有参赛的单一犬种公犬中产生一名。

③ 单犬种展单一组别冠军（Champion，简称C.H）：单一品种犬的某一组别的第一名。

④ 最佳单犬种奖（Best of Breed，简称B.O.B）：从每个品种的参赛犬中评选出本品种综合评定最好的一只犬授予最佳单犬种奖。

⑤ 犬种群优胜犬奖（Best in Group，简称B.I.G）：凡是获得最佳犬种奖（B.O.B）的参赛犬只均可参加它所在组别的B.I.G的竞争。

⑥ 全场最佳特幼犬奖（Best Junior Puppy in Show，简称B.J.P.I.S）：每个品种中所有年龄在3～6个月的幼犬第一名可参加全场最佳特幼犬奖（B.J.P.I.S）的比赛，这是3～6个月龄犬在犬展中的最高奖项。

⑦ 全场最佳幼犬奖（Best Junior Puppy in Show，简称B.J.P.I.S）：每个品种中年龄在6～12个月的幼犬第一名可参加全场最佳幼犬奖（B.J.P.I.S）的比赛，若该犬同时赢得B.I.G，也有资格参加全场总冠军（B.I.S）的比赛。

⑧ 全场总冠军（Best in show，简称B.I.S）：由7组B.I.G角逐产生，胜出者即B.I.S，为犬展的最高奖项。

⑨ 全场后备总冠军（Reserved Best in Show，简称R.B.I.S）：即全场第二名。

4. 犬种标准

（1）犬种标准的概念及含义

犬种标准就是对纯种犬的特征规定的集合。世界上的第一部犬种标准产生于1876年，它是一部关于斗牛犬的标准。随着犬展的发展，犬类的标准也相应得以具体和细化，FCI的犬种标准通常包括以下几个方面：

① 整体外观：匀称性；气质；被毛。

② 头部：脑袋和额段；口吻；牙齿；眼睛、耳朵和表情。

③ 身体：颈部和后背；胸部、肋骨和胸骨；腰部、臀部和尾巴。
④ 前躯：肩部；前肢和足爪。
⑤ 后躯：臀部、大腿和膝关节；飞节和足爪。
⑥ 步态：犬正常行走时的姿态，用来衡量犬只是否拥有恰当合理的形态构造。

在上述几项标准中，不但规定出每个部位的理想状态，还明确规定了常见缺陷和失格条件。标准的满分为100分，但根据不同的犬种，上述6项每个部分所占的分数不同，在打分制度上采用扣分制。

（2）犬种标准在犬展中的意义

在现代犬展上，标准是评审员对参赛犬只评价的基础和依据。在犬展上经常会看到出乎意料的结果，一只外表非常华丽的犬竟输给了一只相貌平平的犬。出现这种情况通常有两个原因：一方面是因为标准采用扣分制，外表很漂亮的犬可能在某个方面存在特别严重的缺陷，以至于被扣掉很多分，而外表普通的犬可能没有什么可以被扣分的缺陷，也不出错，因此就会取胜；另一方面，犬在赛场上的表现，尤其是在全犬种犬展上的表现相当重要，参赛犬的精神状态、与牵犬师（又称指导手，Handler）的配合程度都会对成绩有很大影响，在参赛犬的分数相差不大时，评审员就会根据它们的现场表现力来决定成绩。因此，标准是一把尺子，而评审员会根据综合情况来判断。

5. 纯种犬展示比赛的流程

① 参赛犬以标准站姿静立，评审员根据犬只的外形、站姿、友善程度等项目进行评定。
② 参赛犬由牵犬师带领，按评审员指定的路线慢步行走，评审员根据步态和与牵犬师的配合程度等项目进行评定。
③ 参赛犬由牵犬师带领，按评审员要求完成快步、慢跑、快跑或其他动作。
④ 由评审员统计比赛成绩，评出获奖犬只。
在以上任何一个环节完成之后，都可能有部分参赛犬只被淘汰。

6. 比赛注意事项

① 牵犬：正规的国际犬展要求牵犬师着正装，衣着不整或穿着过于随便会被扣分；牵犬师与参赛犬要求动作协调一致，步态优美，做到"人狗合拍"。
② 犬只美容：参赛犬只按该种犬的国际标准美容，应达到干净、美观的目的。
③ 参赛犬状态调节：注意调节参赛犬只的心情状态，稳定的情绪对参赛犬只的临场发挥意义重大。

三、我国的犬展

随着国内宠物行业的迅速发展，我国也成立了很多犬业组织，如中国畜牧业协会犬业分会（CNKC）、中国犬业协会（CKA）、中国光彩事业促进会犬业协会（CKU）、中国工作犬管理协会、名将犬业俱乐部（NGKC）等，这些组织在很多城市如北京、上海、南京、武汉、济南等都举办了犬展和美容比赛，并从以前的单犬种比赛发展到当今的全犬种比赛，其中最引人注目的当属全军警犬比武。中国畜牧业协会犬业分会（CNKC）已正式颁布了犬赛管理暂行办法，从犬展的组织、规模等方面加以规范。在我国全犬种比赛中，CNKC对犬种的分组除了按AKC的规则分为7组外，还有一个展示犬组（即中国特有犬种，包括贵州下司犬、山东细犬、重庆猎犬、昆明犬等），总共 8 个组别。

2009 年 3 月 5 日至 3 月 8 日，受英国犬业俱乐部邀请，NGKC 代表中国在卡夫杯布展。这是 NGKC 首次在世界最大的犬展上布展，它向世界展示了中国的犬业文化和发展前景。2010 年 8 月 19 日，世界犬业协会（FCI）主席及亚洲畜犬联盟（AKU）主席一行抵达北京，进行为期 3 天的友好访问，与中国犬业管理部门就国际犬类管理及中国犬类管理的发展和规范、纯种犬发展与认证等有关问题进行了积极讨论。这些都表明我国的犬业发展正在走向世界。

四、犬赛对宠物美容事业的推动

社会越进步，犬展的水平就越高。每年参加英国"卡夫"犬展的赛犬超过 20 000 只，每年美国各地区组织犬展的次数也是数之不尽。仅纽约西敏寺犬展，每年就有 2 000 只冠军犬参加比赛，是美国最高级别的犬展。日本犬会 JKC 本部每年平均有 2 500 只犬只参展。

中国的犬业起步较晚，从 20 世纪八十年代才开始。1993 年在广州举办的犬展是中国历史上第一次正式的参照西方犬展模式进行的犬展，紧接着 2000 年在北京举办了犬展，2002 年在上海举办了犬展。这三大城市的第一次犬展都是由北美洲工作犬会协办的。在各界犬协（会）的帮助下，中国经过了 20 多年的努力，现在中国的宠物市场基本上已形成了规模，全国各地都有人在饲养宠物，部分省会城市每年还会举办多次犬展，以满足人们对宠物的喜好需要。

宠物比赛能使人们认识更多的纯种犬、猫，了解不同品种犬、猫的美容方法，促进宠物美容技术不断提高，同时也激励从业者不断努力进取，追求更高水平来推动整个宠物美容行业的发展。

模块三　犬、猫的解剖结构

一、犬的解剖结构

局部解剖学将犬体划分为头部、躯干和四肢三部分。头部包括颅部和面部；躯干包括颈部、背胸部、腹腰部、荐臀部和尾部；四肢包括前肢和后肢。系统解剖学按功能将犬体分为运动系统（包括骨骼、关节、韧带、肌肉等）、消化系统、呼吸系统、泌尿系统、生殖系统、心血管系统、淋巴系统、神经内分泌系统、感觉系统和被毛系统（皮肤、毛、皮肤腺、枕和爪）。其中运动系统和被毛系统最能体现品种特征，也是美容和护理最需要注意的部分。宠物美容师可以根据品种特征修正骨骼和被毛缺陷，使犬的外形更趋于完美。

（一）犬的外貌形态

犬的外貌形态和身体部位结构如图 1-3-1 所示。

（二）犬的骨骼

犬的骨骼结构如图 1-3-2 所示。

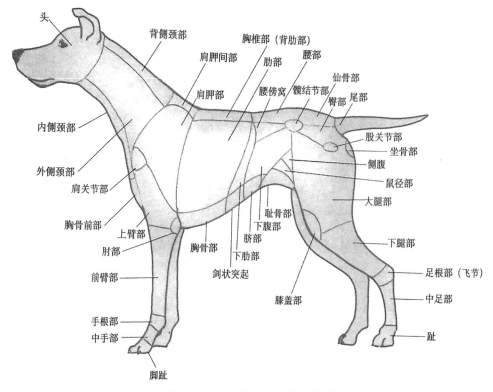

图 1-3-1　犬的身体部位结构图

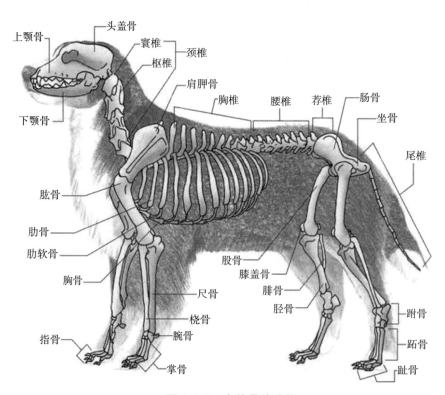

图 1-3-2　犬的骨骼结构

犬的骨骼可分为中轴骨骼和四肢骨骼两部分。中轴骨骼由躯干骨和头骨组成；四肢骨骼包括前肢骨和后肢骨。头骨的下颌骨发达而伸长，嘴凸鼻长，以适应嗅食寻物的习性。一般犬的头骨形态狭而长，有的犬的头形宽而短。犬的头骨连着颈椎，犬有 7 节颈椎、13 节胸椎、7 节腰椎，3 节融合在一起的荐椎成为一块骶骨，尾椎 8 ~ 23 节，一般为 20 ~ 23 节；犬的前 8 对肋骨为真肋（肋软骨与胸骨相接），后 5 对肋骨为假肋（肋软骨由结缔组织连接在前一肋软骨上）。犬的前肢骨包括肩胛骨、肱骨、前臂骨（桡骨、尺骨）、腕骨、掌骨、指骨和籽骨；后肢骨包括髋骨、股骨、髌骨、胫骨、腓骨、跗骨、跖骨、趾骨。犬无锁骨，肩胛骨由骨骼肌连接躯体，后肢由骨关节连接骨盆。阴茎骨是犬科特有的骨头。

（三）犬的牙齿

犬的牙齿按形态、位置和机能可分为切齿、犬齿、前臼齿、后臼齿。齿列生长在上、下颌骨的齿槽中，形成上、下两个齿弓，上齿弓较下齿弓宽，上、下颌左右对称排列，具有切断、撕裂、磨碎食物的作用。

牙齿在动物的一生中一般都是在出生后逐个长出。一般情况下，犬的乳齿数量分布为：门齿上下各 6 枚，犬齿上下各 2 枚，前臼齿上下各 6 枚，总计 28 枚。除后臼齿外，其余牙齿到一定年龄时均按一定顺序进行脱换，更换前的牙齿称为乳齿，个体一般较小，颜色乳白，磨损较快；而更换后的牙齿称为恒齿，相对较大、坚硬，颜色较白。成年犬的恒齿分布：门齿上下各 6 枚，犬齿上下各 2 枚，前臼齿上下各 8 枚，后臼齿上颌为 4 枚，下颌为 6 枚，总计 42 枚。犬的牙齿解剖构造如图 1-3-3 所示。

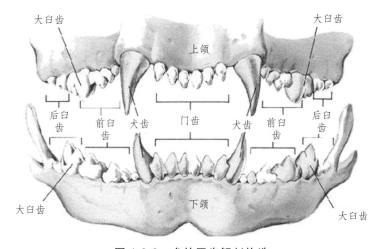

图 1-3-3　犬的牙齿解剖构造

犬齿式如下：

$$乳齿式：2\left(\frac{313}{313}\right) = 28 \text{ 枚} \qquad 恒齿式：2\left(\frac{3142}{3143}\right) = 42 \text{ 枚}$$

1. 犬齿的咬合形式

根据犬种的标准可分为四种咬合形式，见图 1-3-4。

（a）剪状咬合　　　（b）水平咬合　　　（c）下颚突出（地包天）　　（d）上颚突出（天包地）

图 1-3-4　犬齿的四种咬合形式

① 剪状咬合，也称为锯齿状咬合，闭上嘴时上下齿能像锯齿一样咬合在一起，上下齿间没有缝隙。

② 水平咬合，也称为平齿咬合或钳状咬合，即上下齿一一相对咬合在一起。

③ 下齿突出式咬合，俗称地包天式咬合，即下齿突出于上齿，上、下齿间有较大缝隙。

④ 上齿突出式咬合，俗称天包地式咬合，即上齿突出于下齿，上、下齿间有较大缝隙。

2. 犬的牙齿与年龄的关系

通常可以根据犬齿的齿式和磨损程度粗略判断犬的年龄。

犬的牙齿生长情况与年龄的关系见表 1-3-1。

表 1-3-1　犬的牙齿生长情况与年龄的关系

犬的年龄	犬的牙齿生长情况	犬的年龄	犬的牙齿生长情况
20 天左右	牙齿逐渐参差不齐地长出来	4.5 岁	上颌第二门齿尖峰磨灭
30～40 天	乳门齿长齐	5 岁	下颌第三门齿尖峰磨灭，同时下颌第一、第二门齿磨成矩形
60 天	乳齿全部长齐，尖细而呈嫩白色	6 岁	下颌第三门齿尖峰磨灭，犬齿呈钝圆形
2～4 个月	更换第一乳门齿	7 岁	下颌第一门齿尖峰磨损至齿根部，磨损面呈纵椭圆形
5～6 个月	更换第二、第三乳门齿及全部乳犬齿	8 岁	下颌第一门齿磨损向前方倾斜
1 岁	恒齿长齐，光洁、牢固、门齿上部有尖突	10 岁	下颌第二、上颌第一门齿磨损面呈椭圆形
1.5 岁	下颌第一门齿尖峰磨灭	16 岁	门齿脱落，犬齿不全
2.5 岁	下颌第二门齿尖峰磨灭	20 岁	犬齿脱落
3.5 岁	上颌第一门齿尖峰磨灭		

（四）犬的皮肤和被毛

犬的皮肤具有保护、感觉、调节体温、排泄废物和贮存营养等功能。犬的皮肤干燥，汗腺不发达，仅在趾球及趾间的皮肤上有少量汗腺，所以在炎热季节犬常张口吐舌、流涎、急促呼吸来加快散热，以弥补汗腺的不足。皮脂腺多位于唇、肛门、躯干的背面和胸骨部，皮脂腺经导管开口于毛囊，分泌的皮脂涂于被毛上，使毛具有光泽和弹性。

犬的被毛具有重要的保护和装饰作用，被毛的状态和颜色是犬种的重要特征。被毛由露出皮肤表面的毛干和埋于皮肤内部的毛根两部分组成。毛根基部膨大形成毛球，周围有毛囊包围。毛球底缘凹陷，内有真皮伸入，富含血管和神经，称为毛乳头。生长在唇部、眼上部、颌内部和脚趾等处的毛，称为触毛。触毛长而粗，在毛的根部富有神经末梢，有很高的敏感性，所以犬的触觉相当好。

成年犬的毛囊分为中央的主毛囊和周围的次级毛囊，其中主毛囊中的毛粗、硬、长，覆于被毛外层，又称外层毛或覆毛；次级毛囊中的毛短而软，呈绒状，又称下毛或绒毛。短毛犬通常没有下毛，被毛稀疏而柔软，呈线条状沿颈上部和背部分布。毛球细胞停止生长，毛根就脱离毛囊，待长出新毛即将旧毛推出而脱落，这个过程称为换毛。犬一般每年有两个换毛期：晚春季节冬毛脱落，逐渐更换为夏毛；晚秋初冬季节更换为冬毛。

犬的被毛按其长度可分为长毛、中毛、短毛；按其质地可分为直毛、卷毛、波状毛、绢状毛、粗毛、刚毛、丝状毛、羊毛状毛、针状毛、细毛、绒毛；按其颜色大致可分为单色、混合色和花纹三大类。犬的年龄、营养状况以及被毛养护方法都会影响被毛的特征（质地和颜色）。

二、猫的解剖结构

（一）猫的骨骼

猫的骨骼结构如图 1-3-5 所示。猫的全身骨骼分为头骨、躯干骨、前肢骨和后肢骨。头骨由颅骨和面骨组成。头骨背面光滑而有凸起，后边最宽，眶缘不完整。躯干骨有颈椎 7 节、胸椎 13 节、腰椎 7 节、荐椎 3 节（愈合为荐骨），尾椎有 21～23 节。肋骨共有 13 对，前 9 对为真肋，后 4 对为假肋，假肋的最后一对为浮肋。肋骨从前往后，长度逐渐增加，第 9 对、第 10 对肋骨最长，以后又逐渐缩短。胸骨由 8 块骨头组成，由前向后分为胸骨柄、胸骨体和剑突三部分。猫的前肢骨包括肩胛骨、锁骨、臂骨、前臂骨（尺骨、桡骨）、腕骨、掌骨和指骨；后肢骨包括髋骨、股骨、髌骨、小腿骨（胫骨、腓骨）、跗骨、跖骨和趾骨。

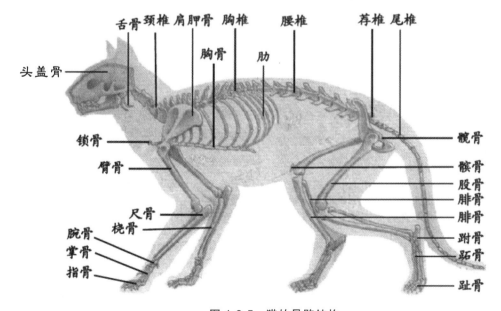

图 1-3-5 猫的骨骼结构

猫的脚掌下有很厚的肉垫，每个脚趾下又有小的趾垫，起着极好的缓冲作用。每个脚趾上长有锋利的三角形尖爪，尖爪平时可卷缩隐藏在趾毛中，只有在摄取食物、捕捉猎物、捕斗、攀登时才伸出来。猫爪生长较快，为保持爪的锋利，并且防止爪过长影响行走和刺伤肉垫，需要经常进行磨爪。

（二）猫的牙齿

猫的牙齿形态、位置和机能跟犬的相似，分为切齿、犬齿、前臼齿、后臼齿。齿列生长在上、下颌骨的齿槽中，形成上、下两个齿弓，上齿弓较下齿弓宽，上、下颌左右对称排列，具有切断、撕裂、磨碎食物的作用。猫的上颌第二臼齿和下颌第一臼齿称为裂齿，齿尖大且尖锐，具有撕裂肉的作用。猫的犬齿呈匕首样，可用来对付特殊猎物。永久齿长出后乳齿才脱落，因此，猫在一段时间内存在两套犬齿和裂齿。

猫齿式如下：

$$\text{恒齿式：} 2\left(\frac{3131}{3121}\right) = 30 \text{ 枚} \qquad \text{乳齿式：} 2\left(\frac{313}{312}\right) = 26 \text{ 枚}$$

（三）猫的皮肤和被毛

猫最引人注目的是那一身美丽的被毛。被毛和皮肤不仅构成了猫漂亮的外貌，而且还有十分重要的生理功能。皮肤和被毛是猫的一道坚固屏障，能防止体内水分的丢失，抵御某些机械性损伤，保护机体免受有害理化作用的损伤。皮肤及被毛在寒冷的冬天具有良好的保湿功能，使猫具有较强的御寒能力。在夏天，被毛又是一个大散热器，起到降低体温的作用。猫的皮肤里有许多能感受内外环境变化的感受器，它能感受一种或数种刺激，如冷、热、触觉、痛觉等。

猫的被毛从皮肤毛囊内生长出来，毛囊呈细长袋状。猫的毛囊有两种，一种是只长一根毛的单毛囊，另一种是长有多根毛的复合毛囊。猫的毛囊以复合毛囊为主。因此，猫的被毛很稠密，大约每平方毫米 200 根。猫身上的主毛和次毛都是有髓毛发，主毛又称为被毛或护毛，次毛又称为底毛。猫的次毛远远多于主毛，在背部二者的比例为 10:1，在腹部二者的比例为 24:1。猫的毛发从形态上分为三类：① 粗而直，毛尖渐细的护毛；② 较细，接近毛尖处略肿胀的芒毛；③ 最细，均匀且弯曲的柔毛。

猫皮肤里还有皮脂腺和汗腺。皮脂腺的分泌物呈油状，能使被毛变得光亮、顺滑。猫汗腺不发达，不能像人的汗腺那样参加体温调节。猫散热是通过皮肤辐射或呼吸散热。

猫的被毛按其状态可分为长毛型、半长毛型、短毛型、卷毛型和无毛型五种。

模块四　犬、猫的美容保定

一、犬、猫的接近方法

犬、猫对其主人有较强的依恋性。在接近犬、猫时，最好有主人在场，向主人了解动物的习性，是否抓人、咬人或有无特别敏感部位不能让人接触。正确的方法是：首先向犬、猫发出接近的信号（如呼唤犬、猫的名字或发出温和的呼声，以引起犬、猫的注意），然后从其前方徐徐绕至前侧方动物的视线范围之内，一边观察其是否有怒目圆睁、龇牙咧嘴甚至发出"呜呜"的反应，一边向它靠近。在接近单眼瞎的犬、猫时，应从其健侧接近；在接近双眼瞎动物时应特别小心。靠近犬、猫后，宠物美容师应用手掌轻轻抚摸其头部或背部，并密切观察其反应，待其安静后方可进行美容保定。

二、美容保定方法

（一）保定工具简介

① 绳：可选不同材质的、长度适当的绳圈将犬固定在美容台上，以便美容顺利进行。

② 绷带：主要是针对习性不太好、要咬人的犬只，可快速系紧犬的嘴部，以免咬伤工作人员。

③ 嘴套：根据犬嘴部的大小，选择合适的嘴套快速保定犬的嘴部。通常嘴套由尼龙、塑料、皮质等不同材质制成，有大、中、小之分。

④ 伊丽莎白项圈：一般选择坚韧而有弹性的材料制成的项圈，安全、牢固，绒布包边，不会伤及宠物身体，接口采用雌雄粘布，使用方便，见图1-4-1。根据犬、猫颈部的大小，选择合适的伊丽莎白项圈戴在颈部，防止美容时咬人以及自己舔咬。

⑤ 美容台：美容时可用美容桌上的绳套将犬固定在美容台上（见图1-4-2），方便美容师的美容操作。

图1-4-1　伊丽莎白圈

图1-4-2　美容桌

（二）常用的保定方法

1. 试探

第一次接近陌生犬时，要先了解犬是否具有攻击性。有恐惧心理和警戒心理的犬，要边轻声呼唤它的名字边靠近，在其视线下方用手背去试探，使其安定，放松警惕。不要去抚摸和搂抱犬，以免受到无谓的伤害。

2. 绷带保定法

此法适用于性格暴躁爱咬人的犬只。

（1）长嘴犬的保定方法

用绷带或细的软绳在中间绕两次，打一个大的活结圈，套在嘴上，在颌的间隙系紧。然后将两个游离端沿下颌拉向耳后，在颈背侧枕部收紧打结，见图1-4-3。

（2）短嘴犬的保定方法

在绷带或细的软绳的1/3处打一个大的结圈，套在犬嘴上，在下颌间隙系紧，将两个游离端沿下颌拉向耳后，在颈背侧枕部收紧打结。然后将其中长的游离端经颈部引向鼻侧穿过绷带圈，再返转至耳后与另一游离端收紧打结，见图1-4-4。

图1-4-3　长嘴犬的保定　　　　　　　　　图1-4-4　短嘴犬的保定

3．嘴套保定法

此法适用于大型犬和爱咬人的犬。根据犬只个体的大小选择适宜的犬嘴套，将嘴套的带子绕至耳后扣牢即可。

4．伊丽莎白项圈保定法

此法适用于性格暴躁的小型犬只或猫。选择大小合适的伊丽莎白项圈围成圆环套在犬、猫的颈部，然后利用上面的扣带将其固定，形成前大后小的漏斗状。由于使用方便，且不会造成宠物的过分反抗，伊丽莎白项圈保定是目前使用最多的方法，而前述的三种保定方法则必须在征得主人同意后才能使用。

5．美容台保定法

美容时可用绳套将犬固定在美容台上，方便美容师为犬美容，这是目前修剪最常用的一种保定方式。不过在保定前应根据犬、猫的身高将固定杆调整适宜，套绳也应确实扣牢，以防犬、猫从桌上向下跳、踩空而摔到地上，造成摔伤或骨折等不必要的伤害。另外，在将犬只放到美容台之前，应将台面清理干净，以防犬只将台面上的物品误吞下肚，台面上除了美容梳之外，不得放置任何工具。

6．徒手保定法

在做趾甲或脚底毛修剪美容时，可采用"反身固定法"：美容师正面与犬的身体方向相反，用胳膊夹住犬的肩部（大型犬直接用胳膊夹住犬的前肢或后肢），一只手抓住犬的脚部，另一只手工作。美容师也可以正面与犬的身体方向相同，其操作方法与反身固定法相似，称为"正身固定法"。

（三）美容保定的注意事项

1. 美容保定犬只时

对于第一次见面的犬，要用轻柔的语言跟它交流，以消除它的紧张情绪。接近与自己不太熟悉的犬时要小心，动作要慢。先朝犬脸部的水平面伸出手，让它蹲下嗅手。注意判断犬的情绪，如果认为宠物犬不舒服或情况不好，不要强行为宠物犬美容。即使面对健康又活泼的宠物犬，宠物美容师也应在美容之前与宠物犬培养一下感情，让宠物犬高高兴兴地接受美容。

2. 美容保定猫时

猫的脾气与犬完全不同，用与犬交流的方法跟猫交流是行不通的，而且猫通常不会听从人的命令，也不容易用绳子、锁链控制，猫对响声或突然的噪声非常敏感，因此需要非常安静的美容环境。在给猫做美容时，需要谨记的三件事：① 尽量用最短的时间做完所有的美容工作；② 根据猫的脾气来随机应变；③ 在每个步骤之间要让猫得到适当的休息。

3. 美容师的注意事项

在美容院里，要注意员工和美容师的自身安全，提前预防那些有恐惧感或反应比较强烈的犬。对于危险性很大的犬 ，最好是事先给它戴上链子，并把链子的尾端放在笼子外面，这样能够先抓住链子的尾端，然后鼓励犬走出笼子。但是在没有管理人员的时候，不要给犬一直带着链子，以防它们自己把链子缠到脖子上出现生命危险。

美容师应注意的事项如下：

① 美容师应具有爱心、耐心、自信心、责任心这些基本素养；对每只宠物都要发自内心的喜欢，不能因为它们的血统不纯正、样貌不出众、性格不温顺而嫌弃它们，要将每只宠物都当作自己的宠物来对待。

② 美容操作中要使用到的工具都应事先准备好，以确保美容师的手一直能触摸到宠物。

③ 应注意宠物的年龄和品种。应特别小心对待那些特殊品种的犬只和易患心脏病的犬只。例如：查理士王小猎犬，该犬 5 岁后 100% 患有心脏病；玛尔济斯犬，5 岁以后 50% 患有心脏病。其所患病症主要是二尖瓣膜闭锁不全。病因除了遗传因素，还有先天发育不良、心丝虫（多见于南方来的犬）、肥胖等原因。引发此病主要是因为应激导致，包括紧张惊吓、过度劳累、环境改变等；另外，洗澡、烘干时温度过高或室内通风不畅也会导致发病。心脏病不发作时犬只无任何表现，所以不易被发现，一旦发作就非常危险，容易导致死亡。发病症状主要是：呼吸急促，犬坐，舌色发绀，眼睛凸出，倒地，四肢僵直，心跳加速。

④ 应注意宠物的腰椎问题。京巴、西施、腊肠等品种的犬只腰身较长并且塌腰，极易发生腰椎疾病，也容易因外力导致腰椎问题，此类疾病易复发甚至造成瘫痪，后果较严重，所以在接受犬只美容时，一定要同客户沟通好。

⑤ 小心宠物逃亡或走失。箱笼门锁不牢或套绳没有扣牢，在不经意的情况下会让宠物跑出美容店，给美容工作带来一定的难度，因此一定要将进入美容室的宠物放入固定的笼中或系在结实的固定物上，最好有专人看管。

⑥ 要保护好自己。一定要学会保定犬只的方法，因为在美容工作中不可避免会遇到咬人的凶狗，如果不掌握正确的接近犬只和保定犬只的方法，就有可能成为"一个容易受伤的人"。要接近一只陌生的犬只，首先让其主人将其放于桌面上并离开几步，或把牵引绳交到美容师

手中，然后靠近犬只看其反应，如没有攻击性，可将手背让其嗅闻，如表现友善，可从犬只后面将其抱起，带至美容室。如果遇到凶悍的犬只，应让其主人用绷带或保定圈、口罩将其控制好后再交给美容师。

三、宠物身高、体长的测定

犬只身高、体长的测定如图 1-4-5 所示。

肩高：肩胛到地面的垂直距离。

身长：胸骨最前端到坐骨末端的水平距离。

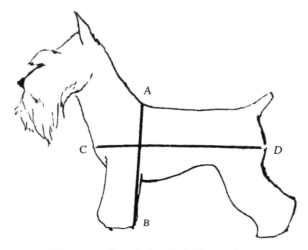

图 1-4-5　犬只身高、体长的测量方法

项目二　宠物的基础美容与护理

模块一　美容用具的识别和使用

美容工具在犬的美容过程中起着非常重要的作用，正确合理地使用工具有助于更加明显地表达美容效果，因此能否正确识别和使用各种美容工具是整个美容工作的核心也是重点。

一、美容设备

（一）烘干箱

烘干箱是宠物美容店必备的美容工具之一，专门用来为宠物烘干被毛，常见的主要有单纯烘干箱和洗澡烘干箱两种，多为不锈钢材质，易于清洁消毒。在使用烘干箱时应根据犬、猫的毛量及体型选择大小适合的烘干箱，并调节合适的温度和时间。除特殊天气外，烘干箱内的温度一般应在 40 ℃ 以下最适宜。发情期的母犬、母猫不可与公犬、公猫同箱烘干；老龄及紧张的犬、猫绝对不可使用烘干箱，应改用吹风机手动吹干，以免造成意外（老龄犬、猫易因应激造成休克，紧张的犬、猫会在箱内跳跃、冲撞甚至对宠物美容师造成伤害。每天工作结束后应及时清理机器，防止意外发生。

（二）吹风机

吹风机专门用于宠物被毛吹干和整形。根据出风口不同，吹风机可分为单筒和双筒两种；根据摆放位置不同，吹风机又可分为台式、立式和壁挂式三种。
① 台式：置于工作台上，可以随时调整位置，价格便宜，但占用操作空间，国内很少使用。
② 立式：有滑轮脚架，可四处移动，出风口可 360° 旋转，中等价格，被广泛使用。
③ 壁挂式：固定于墙壁，有可移动的悬臂，最节省空间，但价格昂贵。

（三）吹水机

吹水机（见图 2-1-1）用于快速吹掉宠物被毛表面的水分和下层绒毛上的水分，可极大地提高工作效率。通常是在使用吹风机吹干被毛之前，先使用吹水机吹掉 80% 左右的水分，这样可以加快被毛干燥的时间，避免宠物感冒。根据温度和风速的不同，吹水机可分为变频吹水机和不变频吹水机；根据放置位置不同，吹水机也可分为台式、立式和壁挂式三种（与吹风机类似）。

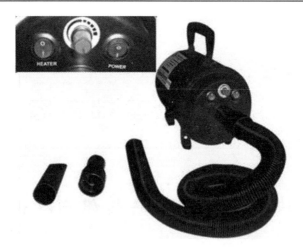

图 2-1-1 吹水机

吹水机的使用注意事项：

① 保持进风口畅通，不得有障碍物阻隔，以防烧坏机体。

② 先开风量控制开关，再开热量控制开关，关时先关热量控制开关，再关风量控制开关。

③ 定期用水洗或强风吹的形式清洁机器后部的过滤网，并确保过滤网晾干后再重新安装在机器上。

④ 进风口应远离水源，以防吹水机内进水。

⑤ 风量开关打开后，如果没有风吹出，应检查电源是否接好。

（四）美容桌

美容桌是美容师为宠物美容时用于固定宠物的工具。要让美容师为宠物犬、猫修剪出漂亮的造型，一个安全、防滑的美容桌是必不可少的。美容桌要求桌面防滑、桌脚稳定而坚固、固定杆稳固。美容桌通常因使用场合和结构不同大约分为以下几种：

① 轻便型：材料轻便易于携带，适合犬展或旅行时使用。

② 普通型：稳固，犬只躁动时不摇晃，适合在美容店使用，但不能随意调动高低位置，见图 2-1-2。

③ 液压型：沉重不易挪动，但可 360° 旋转。对于任何大小型犬只，美容过程中都可根据美容师的身高及习惯进行适当调整，见图 2-1-3。

图 2-1-2 普通型美容桌

图 2-1-3 液压型美容桌

二、美容工具

（一）梳类

1. 针　梳

针梳是尖端平整呈"L"形的木质或橡胶握手的梳（见图 2-1-4），用于打开缠结的被毛或去除底毛。其钢针较细且富有弹性，能穿入毛球内部，梳理时遇到阻碍就可以弹出，帮助毛履完整，令皮肤健康。按尺寸大小，针梳可分为大、中、小三种；按质地，针梳又可分为硬质和软质两种。针梳的握法见图 2-1-5。

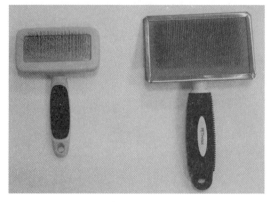

图 2-1-4　不同材质的针梳

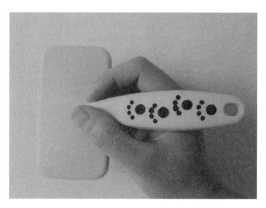

图 2-1-5　针梳的握法

2. 美容梳

美容梳用于被毛的梳理和桃松，适用于各种类型的毛发梳理以及在剪毛时配合剪刀挑毛。美容梳的种类有多种，如图 2-1-6 所示。根据齿的宽窄，美容梳可分为以下几种：

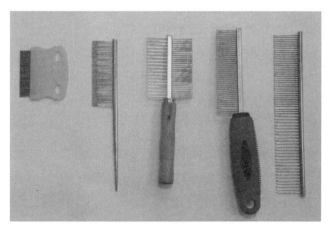

图 2-1-6　梳类

① 最阔齿梳（牧羊梳）：梳理大型及厚毛犬。

② 阔窄齿梳（粗细齿梳）：美容师专用梳子。

③ 密齿梳（面梳）：适合长毛犬面部、眼部和嘴部使用。

④ 蚤梳（极密齿梳）：小巧，齿密，主要用于清除毛发中的蚤、蜱或清理眼睛下方的泪

垢。由于目前主要是通过药物驱虫，故蚤梳已经不常使用。

⑤ 分界梳（挑骨梳）：适合为犬只扎髻、扎毛和分界。

几种美容梳的握法见图 2-1-7、图 2-1-8。

 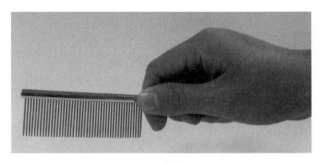

图 2-1-7　排梳的握法　　　　　　　　图 2-1-8　分界梳的握法

3. 鬃毛梳

鬃毛梳可分为猪鬃毛梳和马鬃毛梳，适合软毛犬使用，不易弄断被毛，有助于血液循环，保持皮肤的光泽感。

（二）剪类

1. 美容剪

美容剪是宠物美容师使用频率最高的一种工具，用于宠物整体造型的修剪和细微修饰，可分为直剪、弯剪和牙剪，大小通常有 5 寸、7 寸、8 寸之分。

直剪：见图 2-1-9，用于为宠物修剪出整体造型，常用的有 7 寸直剪、8 寸直剪、5 寸直剪。5 寸直剪是为了配合 7 寸直剪而特设的，用在一些细节部位的修剪，它的尺寸更小，也更便于操控，常用于头部、脚部的绒毛修剪。

弯剪：见图 2-1-10，它也是一种特殊功用的剪刀，适用于线条造型及脚形修剪等。如用于贵宾犬的造型修剪，将尾部剪成圆形，就需要用它来修剪出弧度。

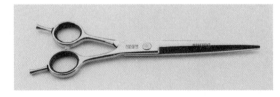 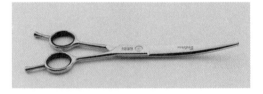

图 2-1-9　直剪　　　　　　　　　　　图 2-1-10　弯剪

牙剪：又称打薄剪，见图 2-1-11，用于剪除大量浓密被毛，且不会有参差不齐的痕迹，或用于直接修剪完成后最后定型时修剪出毛发的层次感。

（1）美容剪的使用方法

将无名指伸入一指环内。食指放于中轴后，不要握得过紧或过松。小拇指放在指环外支撑无

图 2-1-11　牙剪

名指，如果两者不能接触，尽量靠近无名指。将大拇指抵直在另一指环边缘，拿稳即可，见图2-1-12。由于宠物毛发细更软，因而美容剪的材质比一般的剪刀要求更高、更锋利。所以，为了尽可能保证剪刀的锋利和延长剪刀的寿命，剪刀绝不可以打空剪和用来修剪除宠物毛发以外的任何东西和脏毛；每次用完后要用清洁油清洗刀口防止生锈；千万不要将剪刀放在美容桌上，以免不小心摔落地上。

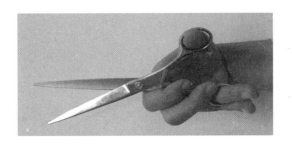

图 2-1-12　剪刀的握法

（2）美容剪的运剪口诀

顺毛流、横走向，动刃在前，静刃在后；平移剪刀，剪刀开合速度快，运剪速度慢；剪刀毛上走，毛尖剪下飞。

2. 电剪

电剪是用来快速去除被毛（如足底、下腹、肛门周围的被毛）、修剪初步造型的工具。电剪的种类很多，有充电式的、装电池的和充/电池两用的。电剪可换用不同型号的刀头，常用的刀头型号有4号/4F(9 mm)、7号/7F(3 mm)、10号(1.5 mm)、15号(1 mm)、30号(0.5 mm)、40号(0.25 mm)等。刀头的型号越大，修剪时所留的毛发越短。一般来说，4号(4F)刀头用于修剪贵宾犬、北京犬、西施犬的身躯；7号(7F)刀头用于修剪㹴犬及可卡犬的背部；10号(1.5 mm)刀头使用范围较广，可用于修剪腹毛，犬的面部、尾部；15号(1 mm)刀头用于犬耳部的修剪及贵宾犬的面部、脚底毛的修剪。

（1）电剪的使用方法

电剪的手持方法是手握式和抓握式，见图2-1-13。手握电剪应力度适中，不可大力向下按压，应与皮肤保持一定的角度，平稳地滑过犬只皮肤；移动刀头时要缓慢、稳定；每刀完结时，均需轻轻向上挑起，以防出坎。遇到皮肤敏感部位时应注意随时试一下刀头温度，如果温度过高则需要使用冷却剂冷却后再剪。当遇到皮肤褶皱部位时，要用手将皮肤向前或向后推展开、拉平后才能使用电剪，以免剃不干净或划伤皮肤。耳朵皮肤薄且软柔，要将耳朵平铺在手上再进行剃毛，注意压力不可过大，以免伤及耳朵边缘皮肤。

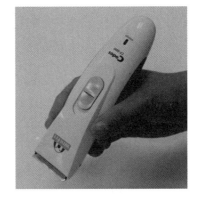

图 2-1-13　电剪的握法

电剪用完后应立即清理刀头，注意刀头的保养。刀头的保养方法是：在刀头使用前要先去除防锈保护层，每次使用完之后要彻底清理，涂上润滑油，并保持做周期性的保养。去除防锈保护层的方法是：在一小碟去除剂中浸泡刀头，使之完全浸泡在试剂中，1 min 后取出刀头，吸干试剂，涂上一层薄的润滑油，用软布包好收起。使用中要避免刀头过热，只要把刀头卸下来，正反两面均匀喷洒冷却剂，几秒钟后即可降温。使用冷却剂不仅能冷却刀头，而且还能够去除黏附的细小毛发和残留的润滑油。

（2）电剪的运剪口诀

顺毛流，横走向，平下剪，高抬头。

3. 趾甲钳（刀）

趾甲钳用于修剪宠物的趾甲，它有通用型（可用于一般家庭饲养的犬猫）、大型（超大型犬猫足爪）、猫剪型（用于剪除猫类勾爪内敛的趾甲）之分（见图 2-1-14）。通常还应配合打磨的锉刀一起使用。

4. 开结刀

开结刀用于针梳梳理不开的严重结节、毛球的梳理，其锐利的刃部可以快速省力地打开毛球，且不会伤到皮肤。通常可分为刀片嵌入型和刀刃型两种，其中刀刃型又可分为单刃和多刃两种。单刃型适用于严重硬化的毛球，多刃型适用于中度缠结的毛球或单刃型的后续操作。（见图 2-1-15）

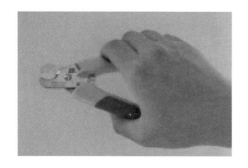

图 2-1-14　趾甲剪的握法

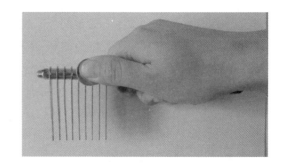

图 2-1-15　开结刀的握法

5. 拔毛刀

拔毛刀主要用于㹴类犬赛级装拔毛（见图 2-1-16），它可拔除死毛、加速毛发新陈代谢周期，使毛质硬化，以符合㹴犬类或刚毛犬的毛质要求。定期使用它可使犬只处于最佳毛质状态。大量拔毛时可采用大的、粗齿的拔毛刀，精细部分则用小而细齿的拔毛刀。拔毛刀的种类和用法可控制毛量的多少。因毛发分布位置不同，毛的粗细也有所差别，因此需要选择合适的刀具，施行各部位分区拔毛。

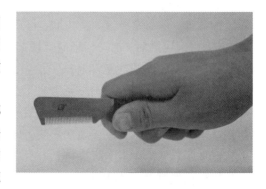

图 2-1-16　拔毛刀的握法

拔毛刀有以下几类：

① SS 细目刀（有刃型）：上下毛连拔带割，适用于头部（耳、颊、头盖及混合部位）。

② S 中目刀（有刃型）：适用于头、前胸、尾、大腿内侧。

③ M 粗目刀（无刃型）：适用于身体躯干（背、胸、腹、股）部位。

6. 止血钳

止血钳又称耳毛钳，用于拔除宠物内外耳毛、清理耳道、夹除异物等。止血钳按长短可分为大、中、小号；按形状可分为直头和变头。宠物犬、猫美容一般采用小号弯头钳。

三、美容用品

① 耳粉：用于拔除耳毛时使用，它具有消炎、止痛和干燥的作用。

② 洗耳水：用于清洗耳道。

③ 洗眼水：用于清洗眼睛，另外，在洗澡前使用洗眼水可以在宠物眼球表面形成一层保护膜，能有效保护宠物的眼睛。

④ 吸水毛巾：用于洗浴后吸干被毛水分，是宠物美容的必需品。好的吸水毛巾收缩膨胀比高，表面光滑不伤毛，耐拧耐拉，常湿状态下不易发霉。

⑤ 洗浴液：是专门用于洗浴宠物被毛的用品，成分和功效多种多样，在选择洗浴液时，可根据犬只的具体情况和主人的要求合理选择。

⑥ 刀头清洁剂、刀头冷凝剂，剪刀刀头润滑油。

⑦ 染色系列（染色膏、调色碗、梳子、锡箔纸、宠物用皮筋）。

模块二　犬、猫的基础美容护理

爱美之心人皆有之，作为被人饲养的宠物，其洁净美丽的外表也是非常重要的。如果宠物健康、洁净、漂亮，会得到主人更多的关爱，也会带给主人更多的快乐，这就是宠物美容师的责任。有些宠物主人说："为什么我在家里给它洗澡就洗不出你们洗的效果呢？毛发没有那么蓬松，颜色也没有那么鲜亮。"这其实就是专业宠物美容师与普通宠物主人的区别。因为宠物美容师是通过专业培训的，对宠物的品种、皮毛知识有一定的了解，在操作过程中会根据不同的宠物采用不同的美容方法，再加上有专业的工具，美容出来的效果肯定有别于宠物主人。宠物美容师还可以通过美容前的检查，发现宠物是否存在健康问题，并给主人一些良好的建议，帮助他们提前发现问题、预防宠物疾病，减少宠物发病几率。

犬、猫的基础美容程序可分为以下几个方面：被毛的刷理、被毛的梳理、耳眼的清理、趾甲的修剪、肛门腺的检查与清理、洗澡和烘干。

一、被毛的刷理和梳理

（一）被毛刷理和梳理的意义

梳刷犬、猫的被毛，不但可以增进人与犬、猫之间的感情，而且还有益于犬、猫的皮肤健康。被毛的刷理是犬只美容的第一步，也是最重要的一步，通过梳理能够去除死毛和死皮，促进血液循环，有利于被毛的生长，同时还能刺激皮肤均匀分泌油脂，增加被毛光泽，起到皮肤保健的作用。另外，梳刷被毛可以初步改变犬只的整体形象，而且也是后续美容程序的基础。再者，猫平时有舔食被毛的习惯，健康犬、猫身体表面总会有少量脱落的被毛，到了换毛季节，脱毛就更加严重，猫一旦将脱落的被毛吞进胃里，极易引起毛球病，造成猫消化不良，影响猫的生长发育，因此，经常为犬、猫梳刷被毛，可有效地清理脱落被毛，防止毛球病的发生。

（二）所需工具

美容梳、针梳、分界梳、鬃毛刷。

被毛刷理步骤图示

（三）被毛的刷理

通常从犬的左侧后肢开始逐渐往前，遵循由下向上、由左到右的顺序，将臀部—身躯—肩部—前肢—前胸—颈部—头部的毛掀起，轻轻压于掌下，用钢丝刷一层一层地从毛根刷到毛尖，层与层之间要看得见皮肤，每个部位要反复这样刷理几遍。但应注意，力度不可过大，否则很容易划伤皮肤。遇到毛结，应用手将毛结拉松，再用手指压住毛根，轻轻刷理，必要的时候也可以配合开结粉进行开结。长毛犬因被毛较长，宜选择针梳或鬃毛刷，避免毛发被扯断；短毛犬可使用平滑的钢丝刷；无毛犬则可选择橡皮刷。刷毛时如果遇到浓密、杂乱且有毛结的长毛犬时，可能要花费很长时间才能完成，但要谨记：沐浴之前必须彻底刷毛，因为杂乱的被毛在湿润后会更加凌乱，一些小的毛结会因湿水而变得更加结实难以打理。

被毛刷理视频

（四）被毛的梳理

完成刷理后，开始用梳子梳理被毛，虽然经过了前面的刷理，但犬只身上仍会有小结存在，所以必须要用梳子进行彻底梳理。梳理时，按由前向后、由上而下的顺序依次梳理：前肢—胸部—背部—腹侧—腹部—尾部—后肢—头部，先用阔齿梳梳理，再用密齿梳梳理，梳完一侧，再梳另外一侧。遇到毛结不要用力拉扯，以免伤到毛发和让犬只感到疼痛。

（五）不同特征犬的被毛梳理

1. 短毛犬的被毛梳理

短毛犬的类型多样，特质不一，有的被毛平滑，有的被毛质硬，有的被毛光滑。在所有的皮毛类型中，短毛护理最为简单方便，具体方法是：首先用梳毛手套彻底按摩梳刷被毛，然后用橡胶梳去除枯发和脏物，再用天然鬃毛梳将皮毛刷理顺滑，也可以用鹿皮打磨皮毛；为了让犬显得神采奕奕，精神百倍，最后可以喷一些护毛素或婴儿油在手掌中摩擦后涂抹在被毛上，以保持犬的毛发平滑。除了梳刷和定期洗澡外，短毛犬很少进行美容。参加比赛的短毛犬也只需修剪一下胡须，清洗某些部位即可。普通的宠物短毛犬不需要进行造型修剪，要想保持短毛健康、光亮，只要勤梳理、勤洗澡即可。梳理被毛会刺激皮肤分泌油脂，防止脱毛、变脏和滋生寄生虫。实际上，天天梳理被毛能帮助犬彻底去除虫虱，不再依赖药物，但最好是给宠物提供一个良好的生活环境。

2. 中长毛犬的被毛梳理

中长毛犬的被毛易于梳理，不易结团和吸附脏物，只要经常梳理和偶尔洗澡，不需要太多修理。一般来说，中长毛犬的美容可以根据固定的展示造型，略微修剪头部和身体的被毛，悉心护理一些部位，如修剪下颌、清洁耳朵以及用电剪清理面部，既匀称好看又能凸显外形。一般情况下，皮毛短而浓密的犬必须定期刷理，以保持外毛光泽。可先用钢丝刷把被毛梳顺，再用毛刷彻底地梳刷皮毛，刷掉死毛和被毛中的脏物和碎渣，在梳刷的同时，要特别注意检查犬的皮毛中是否有跳蚤或扁虱等寄生虫。

3. 长毛犬的被毛梳理

有的长毛犬为了保持其毛发的原有状态及其犬种的特点，不需要对其被毛进行修剪。洗澡前，用针梳彻底梳理被毛，被毛厚实的犬需要用底毛耙去除缠结，从腹部和后面开始，依次向上、向前推进，以确保皮毛滑顺，使身体每一侧都没有缠结。

有八种长毛犬需要在后背中分，如玛尔济斯犬、西施犬、约克夏犬、阿富汗猎犬、拉萨犬、斯开岛㹴犬、西藏㹴犬、丝毛㹴犬，这八种犬需要细心梳理，以保持从后颈到尾根的皮毛分界线笔直。

（六）不同特征猫的被毛刷理与梳理

1. 短毛猫的刷理与梳理

对短毛品种的猫进行被毛护理时，使用一块柔软湿布轻轻抚摸被毛，即可达到去除死毛和污垢的效果。只有当被毛污垢很明显时，才进行刷洗处理，具体方法是：首先从背侧开始，按照由头部—背部—腰部，然后再从颈部到腹部、腿部和尾部的顺序，用钢丝刷或金属密齿梳顺着毛的方向由头部向尾部梳理，再用橡皮刷沿毛的方向进行刷理；梳刷后，可用丝绒或绸缎顺着毛的方向轻轻擦拭按摩被毛，以增加被毛的光泽度。

2. 长毛猫的刷理与梳理

长毛品种猫需要每天用钢丝刷清除体表脱落的被毛，尤其是臀部，应特别注意用钢丝刷理，此部位脱落的被毛很多。刷毛时刷子与身体应呈直角，从头至尾顺毛刷理；当被毛污垢较难清除时，可逆毛刷理。刷完之后用宽齿梳逆毛梳理被毛，梳通缠结的被毛，有助于让被毛蓬松，还能清除被毛上的皮屑；最后再用密齿梳进行梳理，颈部的被毛用密齿梳逆毛梳理，可将颈部周围脱落的被毛梳掉，同时形成颈毛。面颊部的被毛需要用蚤梳或牙刷轻轻梳刷，注意不要损伤眼部。

（七）去除毛结的方法

去除毛结的方法如下：

① 用手将毛结拉直，将大毛结分成若干小毛结，再用宽齿梳梳理。

② 用开结刀配合开结粉，轻轻将较紧的毛结去除。

③ 如果毛结很紧很大，可用剪刀顺着毛根方向将毛结剪开后再梳理。如果还是梳不开，则直接贴着皮肤将毛结剪除，但要小心不能伤及宠物的皮肤。

④ 遇到全身性、毛毡式的毛结，则只有将全身被毛一次性全部剃掉，让宠物重新生出新的被毛，并教会主人正确的刷理、梳理被毛的方法，防止再次打结。

（八）被毛刷理、梳理注意事项

① 在梳理被毛前，若能长期坚持用热水浸湿的毛巾擦拭犬的身体，被毛会更加光亮。

② 梳刷被毛时应使用专门的工具，不能使用人用的梳子和刷子。

③ 梳毛时动作应柔和细致，用力适度，防止拉断被毛或划伤犬的皮肤。梳理敏感部位（如外生殖器附近）的被毛时尤其要小心，避免引起犬的紧张、疼痛。

④ 给比较温顺的犬、猫梳理被毛时，可以让其侧卧在美容台上，这样可以让宠物更加舒适。

⑤ 梳被毛时观察犬的皮肤，清洁的粉红色为健康肤色。如皮肤呈红色或皮屑增多、有脱毛等症状，则有可能患有皮肤病，应及时通知宠物主人，建议及时给予治疗。

⑥ 梳毛时发现有虱、蜱、蚤等寄生虫的虫体或排泄物等，应及时用钢丝刷进行刷拭，并告知宠物主人进行驱虫。

⑦ 对于细绒（底毛）缠结较严重的犬，应以梳子或钢丝刷顺着毛的生长方向，从毛尖开始梳理，再一点一点地梳到毛根部，不能用力拉扯，以免引起犬的疼痛或将被毛拉断、拉掉。

⑧ 在梳刷猫的被毛之前，最好先将其趾甲剪掉，以免对美容师造成伤害。另外，在给猫做美容时应尽量保持安静的环境。

二、洗澡

（一）给犬、猫洗澡的意义

犬、猫的皮脂腺能分泌油脂，有防水、增加被毛亮度和保护皮肤的重要作用。但是油脂在皮肤和被毛上积聚过多，不但会产生难闻的气味，还非常容易沾染污物，使被毛缠结、皮肤不干净。这样不但会导致被毛因失去光泽、缺乏韧性而不美观，而且在炎热潮湿的环境中，很容易引起病原微生物的感染和体外寄生虫的侵袭。所以定期为犬、猫洗澡，保持皮肤和被毛的清洁卫生，既有利于犬、猫的健康，又能使被毛更加美观。但是，如果洗澡次数过多，被毛就会因缺少油脂保护而变得脆弱、暗淡、容易脱落，失去防水的作用，使皮肤变得敏感，也容易引起疾病。因此，要根据犬毛的质地、颜色，犬毛弄脏的程度及所在地区的温度、湿度、季节、饲养环境和品种等，对犬、猫进行适宜的清洁。正确合理地给犬、猫洗澡，既可以保持其皮肤的清洁卫生，防止疫病的发生，维持犬、猫的健康，又可使犬、猫的皮毛变得更加美观。

（二）准备工作

洗澡前要做好各项准备工作，首先一定要确认犬、猫是否一切正常，如果觉得有异常，即使是非常细微的异常，也要立刻与主人沟通并加以确认，否则可能会引起不必要的麻烦；其次，应根据犬、猫的实际情况合理准备洗澡所需要的用品、用具、设备。

① 工具：美容梳、针梳、吹风机、吸水毛巾、浴液、护毛用品。

② 设备：热水器、浴缸、美容台、吹水机等。

（三）操作方法

1. 给犬洗澡

① 将犬的耳洞用棉球塞住：要在湿水之前用棉球将犬只的两个耳洞塞住，以防耳道内进水。

② 调试水温：直接将水淋到手腕或手背进行水温调试，通常洗澡的水温夏季控制在 32～36 ℃、冬季控制在 35～42 ℃ 即可。

③ 挤肛门腺。肛门腺是犬的"气味性腺体"，分布在肛门两侧，是肠道末端皮肤内翻形成的较大腔隙，并积聚液体。肛门腺分泌的液体黏度大，如淤积过多就不易排出，时间一长会引起肛门腺堵塞。如果肛门腺被堵塞，积液排不出来，犬会表现出烦躁的症状，如在地板上摩擦臀部、咬臀部，转来转去咬尾巴、摸它的臀部时非常敏感、搭着尾巴甚至夹着尾巴走路等，严重影响犬的日常生活。若未及时治疗，病犬会出现后肢行走障碍，行走几步突然肛门贴地、叉开两后肢、回头观看肛门等症状，再进一步发展可导致肛门腺破溃、空洞，甚至有脓血流出。虽然一些犬似乎没有这些反常的现象，但气味也特别大。如果经常给犬嚼一些骨头，使犬有足够的钙类沉淀物排出，会使肛门腺排出的分泌物变硬，液囊自然会变空，但现在给宠物犬喂养天然饲料的宠物主人越来越少，因而越来越多的犬需要人为帮助来排空腺体。

挤肛门腺的操作方法是：用温水将肛门周边打湿，这样会使皮肤变得柔软，犬也会放松，有利于腺体的排出，然后一只手提起尾巴，另一只手的拇指和食指放在肛门两侧，同时向内向外挤压，把积聚在肛门腺内恶臭的分泌物挤出来，然后用水冲洗干净；挤压时切勿对着自己或别人。（见图 2-2-1）

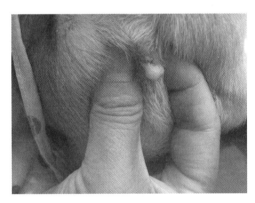

图 2-2-1　挤肛门腺

④ 淋湿被毛：右手拿淋浴器头，左手固定犬，将犬全身彻底淋湿。淋湿的顺序是：先淋湿背部、臀部，再淋湿四肢及胸、腹部、前肢及下颌，最后是头部。在打湿头部时应将浴头放在犬的头顶上方，水流朝下，由额头向颈部方向冲洗；耳朵要下垂式，先由额头上方向耳尖处冲洗，再翻转耳内侧，用手轻轻将耳内侧的毛发打湿；眼角周围及嘴巴周围的毛发也要用手将其慢慢地打湿。

⑤ 涂抹浴液：用手或海绵块将预先稀释准备好的浴液涂抹到犬只全身各个部位。抹浴液的顺序是：先从尾部开始，然后是腿和爪子，再按照背部—身体两侧—前腿—前爪—肩部—前胸的顺序涂抹，最后才是头部；在涂抹头部时要将浴液先挤到头顶部和下颌部，再用手涂

被毛清洗视频

到眼睛和嘴巴周围，但眼睛、鼻子、嘴巴、耳朵内一定不能涂抹浴液，尤其是眼睛，如果一旦沾上，应立即用清水冲洗，以免造成眼部疾病。浴液涂好后，用双手进行全身的揉搓按摩，使浴液均匀并产生丰富的泡沫。肛门周围进行环绕清洗及按摩，眼睛、嘴巴周围及四肢要认真揉搓。好的浴液其有效成分都在泡沫里，因而停留时间不宜过短，通常至少需要 5 min；如有彩漂等其他功能的浴液，则需要停留的时间更长，通常需要停留 10 ~ 15 min 以上才有效。

⑥ 冲洗：冲洗方法与前面的打湿方法基本相同。用手从下颌部向上将两耳遮住，用清水轻轻地从犬头顶往下冲洗。然后由前往后将躯体各个部位用清水冲洗干净，眼边、胡须、脚掌、肛门周围、腹部要洗干净，如果是厚毛犬，如哈士奇、松狮，要反复冲洗多次，一定要将毛根处、皮肤上的残留浴液彻底冲洗干净才行，否则残留浴液会对皮毛造成伤害。一般冲洗的次数在 2 ~ 4 次为宜。

⑦ 擦干：先用手将犬只身上多余的水挤去，再用吸水毛巾将犬的头及身体裹住，把犬抱到美容台上将多余的水分吸干，但长毛犬不可用毛巾反复搓擦。

被毛烘干视频

⑧ 吹干：先用吹水机将毛发上残留的水分吹走，但使用吹水机时一定要在美容台上铺上浴巾，这样才能将吹下来的水吸走，不会再次沾到犬只身上。但长毛、丝毛犬，如约克夏犬、马尔济斯犬或需修剪的卷毛犬则不可用吹水机，而只能用吹风机吹干。短毛犬或密毛犬可用烘干箱烘干。长毛犬需要将毛发拉直，所以也只能用吹风机吹干。吹风的温度要以不烫手为宜，风速可以稍大一些，由后往前吹，边吹边用刷子反复刷梳，直到这部分的毛发没有卷曲并干燥为止。如果被毛干得太快还没来得及拉直，就要把被毛重新弄湿了再吹干。应注意：在吹干不同部位的毛发时应选择合适的方法，如吹干四肢及腹部时可逆毛梳理边吹边梳，吹腹部时提起犬的一条腿或让助手将犬抱起，使其直立起来方便吹干；吹头时，可遮住犬的眼睛和耳道，避免风进入引起犬的反感，不能用针梳梳理被毛，以免扎到犬的眼睛或其他敏感部位。被毛全部吹干后要用美容梳将全身毛发顺梳一遍，做到全身毛发顺直而无毛结。

被毛拉直视频

2. 给猫洗澡

① 洗澡准备工作：先将猫的毛发梳顺，把打结的地方梳开，用脱脂棉将耳朵塞紧。

② 调节水温：大约 37 ~ 38 ℃。

③ 淋湿：先从猫的足部开始，让猫适应水温，然后从颈部依次将全身冲湿，最后淋湿头部。

④ 涂抹浴液：按照颈部—身躯—尾巴—头部的顺序，将适量的浴液涂抹在猫的身上，轻轻揉搓，注意不要忽略屁股和爪子的清洗。

⑤ 冲洗：按照颈部—身躯—尾巴—头部的顺序将猫全身的泡沫冲洗干净。

⑥ 擦干与吹干：先用吸水毛巾将猫包裹起来擦干，再用吹风机将全身被毛吹干，切记吹风机的温度不可过高。如果猫过于敏感，可放在猫笼中吹干。

⑦ 梳理：吹干后，再次梳理猫的皮毛。

（四）犬、猫特殊洗浴方法

犬、猫的洗澡也有干洗和水洗之分，通常 3 个月龄以上的犬、猫洗澡采用水洗的方法，而对于 3 月龄以下、未完成免疫接种的幼龄犬、猫或因特殊情况不能水洗的犬、猫，则只能采用干洗。

1. 犬的干洗方法

每天或隔天喷洒稀释 100 倍以上的宠物护毛素或幼犬用干洗粉，勤于梳理，即可代替水洗。此外，也可以用温热潮湿的毛巾擦拭幼犬被毛及四肢，以达到清洁体表的目的。擦拭的时候一定要格外小心，肛门是犬比较敏感的部位，水温不能过热，以免烫伤肛门黏膜；也不能过凉，过凉同样会刺激犬的肛门，使犬感觉不舒服，从而产生恐惧和害怕，致使幼犬以后不再愿意接受擦拭。擦拭头部时注意不要碰到幼犬的眼睛，擦拭后应马上用干毛巾再擦拭一遍，然后再轻轻地撒上一层爽身粉，最后用梳子轻轻梳理被毛至少 10 ~ 20 min。

2. 猫的干洗方法

如果猫特别抗拒用水洗澡的话，可用猫专用的干洗剂。一般只适用于不太脏的短毛猫，将猫全身喷洒上干洗剂后，轻轻按摩揉搓，再用毛刷梳理被毛，即可达到清洗的效果。另外也可用擦洗的方法从猫的头部逆毛抚摸 2 ~ 3 次，然后顺毛按摩头部、背部、胸腹部，擦遍全身，即可将被毛上附着的污垢和脱落的被毛清除掉。此外，也可用少量免洗香波在猫的被毛上涂抹揉搓，再用毛巾将被毛上的水擦干，必要的时候可用吹风机吹干，最后全身通梳被毛即可。

（五）犬、猫洗澡注意事项

① 如果犬在洗澡时不配合或想要逃走，则要给它套上项圈。切忌用索套项圈或遇水膨胀的项圈。

② 水温适宜，每次打开水时都要调试水温再冲到犬、猫身上。

③ 在洗澡时需将犬、猫身上的被毛全部打湿，才能彻底洗干净。

④ 如果犬过于脏或异味较强，则需要反复地涂抹浴液和冲洗。如体味较重，则需额外的给它使用除臭剂。对于大多数犬，一次涂抹揉洗和冲洗即可。

⑤ 不要让浴液进入到宠物的眼睛和耳朵。在洗澡前，要将耳洞用棉花球塞上并在眼睛里滴入一滴洗眼水。

⑥ 用犬、猫专用洗浴产品，不能用人的洗浴用品替代，因为人的头发的 pH 是 5.5，而犬毛发的 pH 是 7.5；另外，在选择浴液时，尽量不要选择功能性很强的浴液，如具有除虱、祛癣等作用的浴液，除非是需要做药浴的犬只。

⑦ 给幼犬洗澡适宜在上午或中午进行，不要在空气湿度大或阴暗的屋子里洗澡，也不要让犬、猫接受阳光暴晒。

⑧ 用吹风机吹被毛时，风力及热度不要过高，以免烫伤皮肤。

⑨ 犬、猫不能天天洗澡，因为犬只的皮肤组织只有 3 ~ 5 层，而人类的皮肤组织有 13 ~ 15 层。通常长毛犬一周清洗一次，短毛犬 7 ~ 10 天清洗一次，猫可以间隔更长一些。过于频繁清洗会降低犬、猫皮肤的抵抗力，引发皮肤病。

⑩ 如果猫拒绝配合洗澡，可使用猫笼进行保定，美容师应戴上清洁手套以防被猫抓伤，同时关上门窗，轻柔、快速地进行洗澡，整个洗澡过程最好不要超过 20 min。

三、眼睛、耳朵、牙齿的护理

（一）眼睛的护理

1. 眼睛清理的必要性

犬的眼睛因品种不同而各有差异，有卵圆形、三角形、杏仁形、圆球形等，有的犬眼深陷，有的犬眼大而突出，如北京犬、斗牛犬，因缺乏口鼻的保护，突出的眼睛很容易干涩和受伤，要经常滴润眼露保持湿润；而眼泪汪汪的小型犬眼部要保持清洁干燥，白色皮毛的小型犬更容易泪痕斑斑，如贵宾犬、比熊犬等；有些犬的眼睑容易内翻，导致睫毛倒长刺激角膜，引起流泪，甚至影响视力，如沙皮犬、松狮犬等；眼睑外翻的犬则恰恰相反，眼睛容易沾染灰尘，如寻血猎犬。因此，合理的眼睛护理是犬、猫健康的保障。

2. 清洁工具

洗眼水、泪痕去除液、棉球等。

3. 眼部护理方法

① 检查眼睛：检查眼睛是否有炎症或眼屎，是否有眼睫毛倒长现象。正常的眼睛应该清澈、明亮，没有眼屎。若有炎症或眼屎，用温开水或2%硼酸水沾湿棉签或纱布后轻轻擦拭，或滴入消炎眼药水；若睫毛倒长，则应将倒生的睫毛用镊子拔除。

② 滴洗眼液：一只手握住犬的下颌，用食指和拇指打开犬的眼皮，另一只手将眼药水或滴眼液滴在眼睛上方，每次滴1～2滴，见图2-2-2。

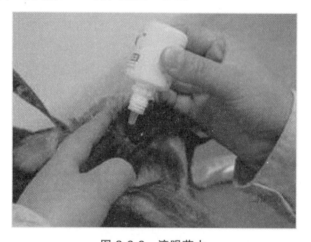

图 2-2-2　滴眼药水

③ 个别处理：有些品种的犬，其眼睛周围毛较多，如西施犬、约克夏猭等，眼睫毛要经常梳理，周围的毛要适当剪短。

④ 泪痕的处理：很多宠物犬，尤其是白毛犬，经常流泪，在眼角形成红褐色的泪痕，非常影响美观，多见于泪液分泌增多（异物刺激、结膜炎、角膜炎、眼睑内外翻等）和泪液排泄不畅（鼻泪管生理性异常、鼻泪管阻塞、泪点受挤压、先天性泪点闭锁等），因此需要进行特殊处理，如冲洗眼睛、用抗生素眼药水滴眼、手术治疗、加强饲养管理等。必要的时候可选择泪痕处理剂进行处理。

4. 眼部护理注意事项

① 坚持每天查看犬的眼睛。很多小犬的眼角常会积聚分泌物，坚持每天用湿布擦洗面部，然后用湿棉球由内眼角到外眼角把眼角清洗干净，切忌来回擦拭和用干棉球擦拭眼睛，以免刮伤角膜。如果眼睛分泌异物，则要用温和的盐水洗涤眼睛。

② 保持眼部湿润舒适。很多眼球突出的犬，如北京犬、吉娃娃、日本狆犬等，每天需要滴几滴润眼露。每次为犬美容时，用洗眼水或滴眼露为犬的眼睛滴一滴，以防毛发、水进入眼睛。洗完澡后再次点眼药水，以防洗澡过程中眼睛受伤害。

③ 如果犬的眼睛已受伤或疼痛，要尽量避免其眼睛受到强光直射和热量的辐射，可以给它戴上"伊丽莎白"项圈，这样能有效防止其抓咬、挠伤。

④ 经常检查犬的眼睛是否清澈、眼部是否有异常发红现象或眼睛四周是否肿胀，如有异常应及时去看宠物医生。小型犬的眼部疾病众多，因而每年定期做眼部健康检查是非常必要的。

（二）耳朵的护理

1. 耳朵护理的必要性

犬的耳朵是需要特别呵护的。健康的耳朵其耳道温暖略带腥味，表面干净，只有少量耳垢。耳道里的耳毛会积聚污垢、细菌和水分，长时间不处理会导致耳道发炎。定期清理耳道分泌物和拔除耳毛，就可避免因耳毛、耳垢过多而导致各种耳病，如耳螨、真菌及细菌感染所带来的耳痒、耳痛、听力受损等困扰。因此，正确清理耳道可以保证宠物犬耳的健康。当发现宠物犬经常挠耳朵、甩头时就应该及时检查耳道，根据不同情况及时处理。如果耳道内耳垢多且无异味，说明是耳垢引起的耳痒，清理一下即可；如果耳朵里有褐色的污垢，且有臭味，一般是由耳螨引起的，耳螨需要及时治疗；如果痒得厉害很容易抓破耳廓，严重情况下会引发中耳炎甚至致命；如果耳垢过多过硬，应先用酒精棉球消毒外耳道，再用宠物滴耳液滴于耳垢处，待干涸的耳垢软化后，用小镊子轻轻取出。对有炎症的耳道，要用宠物专用的消炎滴耳液每天进行滴耳清洁。定期处理宠物耳部的问题，是保障宠物耳朵健康的一项重要措施。

2. 准备工具及用品

耳毛钳、耳粉、洗耳水、脱脂棉等。

3. 清洁耳道与拔除耳毛的方法

耳朵护理视频

① 观察犬耳道内是否有耳毛。一般常见的耳毛较多的犬种有贵宾犬、西施犬、雪纳瑞犬、约克夏㹴犬、比熊犬等。

② 拔除耳毛：在进行耳毛拔除之前，应先向耳孔内倒入一些耳粉，盖上耳朵，然后轻轻搓揉一下，再进行耳毛拔除。如果耳毛在耳道外手能到达的地方，就用手直接拔除；如果位于耳道较深的部位，可用耳毛钳进行拔除，按每次少拔一点、多拔几次的原则进行。用耳毛钳拔毛时一定要固定好犬的头部，防止犬乱动扎伤耳道。短毛犬的耳毛不易拔除，可以用小的钝性尖剪刀来修剪耳孔周围的毛；对垂耳的小犬，耳洞下面和耳廓内侧的毛需要剪短。这样处理后可以增加耳道通风的机会，减少因耳道潮湿而感染发炎的几率。

③ 清洗耳道：首先检查耳朵外部的毛是否有缠结和寄生虫，再检查耳道内是否有垃圾和

污垢，如有少许耳垢为正常，如果发现大量的红棕色、条纹状或异味的耳垢，则需要清洁。清洗耳道的方法是：将犬的头部固定，用左手将耳朵向头外侧轻拉，露出耳孔，滴几滴洗耳液；按摩耳根，压迫耳朵 1 min 使液体顺耳道流下，然后放开犬使其摇头，以便湿润耳垢，之后在止血钳上缠上脱脂棉，小心地将其伸入到耳内，进行清理。

4．耳朵护理注意事项

① 耳毛粉具有消炎、麻醉的功效，拔耳毛前必须撒入适量的耳毛粉。

② 拔耳毛一次不要拔得太多，要夹牢、夹准、快拔，但动作要轻巧。

③ 在清理耳道时将脱脂棉缠紧在止血钳上，千万不能使用棉签，因为一旦棉签断在耳道内则不易取出。

④ 清洁耳道和拔耳毛时，精力要高度集中，避免损伤耳道。

⑤ 清除耳垢时应仔细观察耳道中有无寄生虫，如有寄生虫，应及时治疗。

（三）牙齿的护理

1．牙齿清洁的必要性

犬齿比人齿更坚固长久，但会产生牙菌斑和牙垢。定期对犬进行口腔及牙齿的护理，能保证宠物犬拥有坚固的牙齿及健康的身体。犬牙齿出现疾病通常最先出现牙菌斑，如不清理，唾液中的矿物质就会使牙菌斑积聚转变成牙垢，即牙结石。牙结石是细菌滋生的温床，细菌大量滋生破坏牙龈，导致口腔炎症，甚至细菌侵入犬的血液，造成肺、肾和肝脏等脏器出现病变，因此，犬牙齿的清洁护理十分重要，通常每周给犬清洁 1 ~ 2 次牙齿，以确保犬牙齿的健康。

2．准备工具

犬用牙膏、牙刷，小喷雾瓶、刮牙器、厚纱布、棉球、棉签。

3．清洁方法

① 检查牙齿：检查是否有发炎、牙菌斑、牙结石等现象。幼犬换牙时应仔细检查乳牙是否掉落，尚未掉落的乳牙会阻碍永久齿的正常生长。

② 用纱布条清洁牙齿：让犬嗅一嗅牙刷，然后拿牙刷触碰犬的口鼻，用牙刷在牙齿上摩擦几秒钟，当犬接受不反抗时，再让犬嗅一嗅并舔少许挤在手指上的牙膏，再用手指轻轻在犬牙龈部位来回摩擦外侧，等它习惯这种动作时，再打开它的嘴，摩擦内侧的牙齿和牙龈。当犬习惯了手指摩擦后，即可在手指上缠上纱布，摩擦犬的牙齿和牙龈。当犬感到紧张或害怕时，应立即停止清洗，等犬情绪稳定后再刷。

③ 牙刷刷牙：使用软毛或犬用牙刷，牙刷以 45° 角，像自己刷牙似的在牙龈和牙齿交汇处用画小圈的方式，一次刷几颗牙，如图 2-2-3 所示，最后以垂直方式刷净牙齿和齿间隙里的牙菌斑，然后继续刷口腔内侧的牙齿和牙龈。洗刷时不要过分用力，以防损伤牙龈，造成牙龈出血；如果看见似有感染的地方，要及时就医；如果犬的牙垢过多清洗不掉，可使用刮牙器或宠物用洁牙机小心沿牙龈线朝牙尖方向刮拭，并用手指掩住牙龈避免被刮伤；当牙垢问题很严重时，可用洁牙机处理。

图 2-2-3　牙刷刷牙

④ 用超声波洁牙机清洁牙齿：首先将犬全身麻醉，待完全麻醉后，将其平放在美容台上，向眼睛内滴入眼药水；然后，将犬的脖颈处垫高，用两根绷带分别绑住犬的上、下颚，并拉动绷带使嘴巴完全张开，牙齿暴露在外；接下来，一只手拿起洁牙机柄，将洁牙头对准牙齿，另一只手用棉签将口吻部翻开，使牙齿露出进行清理；清理完一侧再清理另一侧，双侧清理结束后，还要检查牙齿内侧是否有牙结石，如果有，则一同清理干净；最后，在清理过的牙齿和牙龈处涂上少量碘甘油。给犬洗牙后应让犬连续服用 3 ~ 4 天的消炎药，并连续吃 3 天流食。

4．牙齿日常护理方法

① 选择食物：平时让犬食用坚硬、干脆的饼干或粗粮可以自动帮助犬清理牙齿，尽量选择富含天然成分和低防腐剂的食品。

② 啃咬玩具：有很多宠物玩具具有清洁牙齿的作用，通过咀嚼可以去除牙齿上的残留物，并能锻炼咬合肌。

③ 使用牙具：专为犬齿清洁而设计的刷洗产品各式各样，有软毛牙刷、犬用牙刷、鬃毛橡胶牙刷、刷牙纱布、口腔喷剂、咀嚼刷、呼吸清新剂等。

④ 定期检查犬的口腔，仔细查看牙齿的变化，如牙垢堆积、牙齿松动、牙龈感染等，应及时清洁与护理。

5．牙齿护理注意事项

① 犬的牙齿每年至少应接受 1 次兽医检查，而且宠物主人应每周检查 1 次，观察是否有发炎的症状；每周应至少刷牙 3 次，方能有效保持犬的口腔和牙齿卫生。

② 刷牙要用犬专用的牙刷和牙膏，不能用人用的牙刷和牙膏来代替。犬的专用牙刷由合成的软毛制成，刷面呈波浪形，能有效清洁牙齿的各个部位。

四、足部和腹底毛的清理

（一）修剪犬、猫的趾甲

1．修剪趾甲的必要性

大型犬和中型犬经常在粗糙的地面上运动，能自动磨平长出来的趾甲；而小型犬很少在粗糙的地面上跑动，磨损较少，犬的趾甲会长得很快。趾甲过长会呈放射状向脚内生长而刺进肉垫，给犬的行动带来不便，甚至造成局部感染。犬的拇指已退化成脚内侧稍上方处的飞趾，俗称"狼趾"或"悬趾"。这个"狼趾"趾甲不和地面接触，容易生长过长，如不及时修剪容易刺伤犬只，妨碍行走。猫爪前端带钩，十分锐利，一旦趾甲过长，不仅容易破坏家中的物品，也会抓伤人，甚至因趾甲过长而经常舔造成细菌感染。因此，定期给犬、猫修剪趾甲，不仅能保持犬、猫足部的清洁，而且有利于犬、猫的日常活动，保持其健康的状态。

2. 修剪工具

趾甲刀、趾甲锉或磨甲工具，止血粉或其他凝血剂。

3. 操作方法

① 修剪：让犬选择一个合适的站姿或卧姿，左手轻轻抬起犬的脚掌，并固定脚趾，右手持趾甲刀，先垂直剪掉血线之前的趾甲，然后在趾甲腹侧面45°倾斜修剪第二刀，最后在趾甲背侧面倾斜45°修剪第三刀，注意修剪"悬趾"。（见图2-2-4）

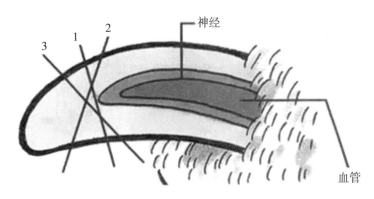

图 2-2-4　趾甲的三刀剪法

② 用趾甲锉打磨：用食指和拇指抓紧脚趾的根部，以减小振动，让锉刀的侧面沿着抓住脚垫的食指方向移动，把各个棱角磨光滑。

4. 趾甲修剪的注意事项

① 最好在洗澡后、趾甲浸软的情况下用犬猫专用的趾甲刀进行趾甲修剪，尤其是对于厚趾甲的大型犬更应如此。

② 注意不要修剪到血线。为了防止剪得过多而出血，可以多剪几次，每次少剪一点，直到满意为止。如果剪出血也不要慌张，可撒上一些止血粉，用脱脂棉或手指轻轻按压一下，几秒钟便可止血。

③ 在打磨趾甲时，若要使用电动锉刀，则要训练犬只让其消除对电动锉刀的恐惧心理。

④ 在抛光或亮甲的时候可以在每个趾甲和脚垫上涂抹婴儿油，以保持湿润，但不可抹得太多，否则会打滑。

（二）修剪脚底毛

1. 修剪脚底毛的必要性

犬类的脚掌上也会长毛，如果一直不修剪的话，可能会长到盖过脚面。如果是室内饲养的大型犬，一旦脚掌上的毛长得太长，走路时极容易滑倒，增加犬只受伤的几率。另外，脚掌间的毛在散步的时候容易被弄脏或弄湿，成为臭气和皮肤病的根源，并很可能诱发虱、螨等寄生虫的生长。因此，定期修剪脚底毛、保持脚掌与地面紧密贴合是很重要的。

2. 脚底毛的修剪要求

脚部周围的毛修剪成圆形，将四个小脚垫和大脚垫之间的毛剪干净，四个小脚垫之间的毛剪至与脚垫平行即可。脚垫周围的毛同样剪至与脚垫平行（贵宾犬除外）。注意不能剪得太短，否则会导致小石子等杂物嵌入脚垫中不易弄出来。剃毛要尽量快速准确，犬的耐心有限，很快就会烦躁，如果不慎使犬受伤，今后它就不会再配合了。

3. 修剪步骤

① 首先把脚掌向后向上翻转，用电剪将脚掌内各个脚垫之间和足垫缝内的短毛修剪干净，使犬的脚垫充分暴露出来。

② 把足部的毛发梳理好，用直剪将犬的脚趾正面和侧面的毛呈 45° 修剪，将大致的形状剪出来，然后再往两旁慢慢修圆，将脚掌上方的大致边线修剪整齐。

③ 抬起犬只的脚并梳理好毛发，剪刀贴平脚掌修剪脚面，将后脚掌多余的毛剪去，脚后面的毛可修剪成往上斜的形状（见图 2-2-5）。

④ 最后沿着脚掌周围修圆。

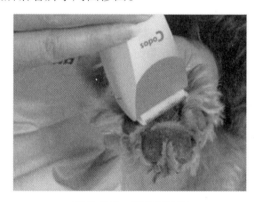

图 2-2-5 剃除脚底毛

剃脚底毛视频

4. 脚底毛修剪注意事项

① 让犬自然站立，仔细观察脚部的毛是否修剪整齐，修剪后的毛与地面应呈 45°，这样既显得可爱又不容易沾上脏东西。

② 注意不要剪得太短，以免妨碍腿部美观。

③ 修剪脚底毛的同时，还应检查脚垫、脚掌内侧是否有伤。

（三）修剪腹底毛

1. 修剪腹底毛的必要性

腹部的毛（又称腹底毛）在犬伏卧、排尿或哺乳时很容易弄脏，常常打结，既容易引起皮肤病，又影响美观，所以要清理干净。此外，在犬展中，为了方便审查员检查犬的生殖器，确认犬的性别和判断健康状况（公犬是否是单睾丸），也需要修剪。

2. 修剪要求

左手握住犬的两前肢向上抬，使犬站立起来。如果是大型犬，可以让其卧在美容桌上，然后根据犬的性别来适当修剪。常用的工具是 10# 刀头。母犬修剪成倒"U"形，公犬修剪成倒"V"形。

3. 具体操作

公犬：先将一只后腿抬高到身体高度，操作人员的头低下，与犬的腹部平行，然后开始剃犬的生殖器两侧的毛；再将犬的两前肢往上抬，让犬后肢站立，用电剪从犬的后腿根部向上剃至倒数第 2 对和第 3 对乳头之间，形成倒"V"形，如图 2-2-6 所示。

母犬：先将犬的一侧后腿抬起，顺着胯下部位的角度推毛；再将犬的两前肢往上提，让犬后肢站立，用电剪从犬的后腿根部向上剃至倒数 3 对乳头，形成倒"U"形，如图 2-2-6 所示。

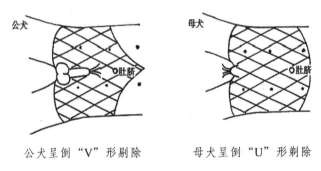

公犬呈倒"V"形剔除　　　　母犬呈倒"U"形剃除

图 2-2-6　腹底毛的修剪示意图

4. 腹底毛修剪注意事项

① 由于腹部皮肤薄嫩，两侧又有皮肤褶皱，因此，要用电剪小心地向上、向外剃干净，千万不要剃伤皮肤和乳头。

② 如果让犬躺下来，注意不要把其身体侧面剃得太多。

③ 剃毛要尽量快速准确，不要动作太大和反复剃，这很容易使犬过敏，一旦发现过敏现象要及时给犬涂抹皮肤膏。

④ 如果遇到不配合剃腹底毛的犬，应采取正确的方法处理。害怕剃毛的犬要先让它看看、闻闻工具，再打开电剪放到犬身边让它熟悉震动，操作过程中的每一步都要用轻柔的语气鼓励并安抚它。

模块三　宠物犬的水疗护理

一、宠物 SPA 简介

宠物的水疗护理简称宠物 SPA。宠物 SPA 是打破传统宠物淋浴方法，通过 SPA 机产生丰富强劲的气泡，深达宠物毛发根部，产生微爆效应，彻底清洁毛发，达到洁毛除臭的功效。在水中再加入矿物质、香薰精油、草本鲜花，使犬浸泡在温暖的水中，让毛发充分补充营养，使其恢复亮丽与弹性。通过气泡按摩，促进宠物血液循环，加速代谢排毒，加快脂肪代谢，达到预防疾病、延缓衰老的目的。宠物 SPA 主要有以下几类：

（一）基础 SPA——香薰浴

基础 SPA 适用于任何犬种，通过使用香薰精油可促进宠物的血液循环，增强新陈代谢，解除宠物的恐惧感，减轻宠物的焦虑情绪，具有良好的身体保健功能。其次，香薰精油对于毛发滋润护理尤其有特效。常用产品有：埃及进口的精华水晶香芬油、亲水性的花精油等。

（二）宠物美白 SPA——泡泡浴（盐浴）

宠物美白 SPA 适用于短毛、白毛及处于换毛时期的任何犬种，猫也同样适用。天然死海里的海水结晶含有丰富的镁、钾、钙、溴化物及硫酸盐类，做宠物的 SPA 盐能有效清洁皮肤和被毛、活化肌肤细胞、促进新陈代谢、延缓宠物衰老。高单位的镁能有效减轻宠物的毛发与肌肤因气候变化而形成的损伤。盐浴既可以杀菌止痒又可以辅助治疗皮肤病。常用产品有：SPA 死海盐、芦荟或死海盐、滋润洁毛啫喱等。

（三）宠物医生 SPA——死海泥浴

宠物医生 SPA 适用于长毛犬、体味较重的犬、多毛类的犬的被毛护理，也适合作为犬外伤及患病后的恢复性理疗。死海泥浴可促进宠物的血液循环、增强新陈代谢、调节神经系统的兴奋和抑制过程，可帮助驱虫、防蚤以保证身体健康，并具有良好的消炎、消肿、镇静、止痛、提高免疫力及加快自愈等作用，对于毛发护理尤其有特效。常用产品有：以色列原装进口 SPA 死海泥等。

二、宠物 SPA 的操作

（一）准备工作

洗澡设备和用品、宠物 SPA 机，牛奶浴产品、香薰精油或其他 SPA

（二）操作方法

首先给宠物犬常规洗澡，在宠物 SPA 机中放入水，并调节水温，以不烫手背为准，同时加入适量的 SPA 产品，搅拌均匀；然后将洗完澡的宠物犬放在 SPA 机中，根据具体情况调节机器，进行泡浴，约 15~30 min；完了以后将犬只从 SPA 机中取出，并用淋浴冲洗按摩全身；最后擦干犬身上的水分并及时吹干梳理被毛。

（三）注意事项

① 在做 SPA 前，一定要先了解宠物犬的体质状况、毛质种类、性情心态，然后综合分析并根据实际情况选择适合犬只的 SPA 方式和产品。

② 当猫有心脏病、糖尿病或低血糖，对光、热敏感，有恶性肿瘤时不宜做 SPA。

③ 幼猫、体质较弱的猫在做 SPA 时，应调节适度的气流。

④ 根据具体情况确定做 SPA 的时间间隔，经常给宠物进行 SPA 不但不能发挥 SPA 的作用，反而容易患上皮肤病。

项目三　犬的造型修剪

模块一　贵宾犬的美容修剪

一、品种介绍

贵宾犬（Poodle）又名贵妇犬、卷毛狗，起源于法国水猎犬，以水中捕猎而著称，属于非常聪明且喜欢狩猎的犬种。18世纪起就被法国皇宫的贵族们所喜爱，被尊称为"国犬"，因此又名法国贵妇犬。最早的宠物美容技术就起源于贵妇犬。

按照体型的大小，贵妇犬可分为标准贵妇犬、迷你贵妇犬和玩具贵妇犬。贵妇犬的肩高和体长几乎相等，呈正方形，即从胸骨最前端到坐骨末端的长度约等于从肩胛骨最高点到地面的高度；眼睛呈杏仁状，背部不弯曲，笔直而短，鼻梁呈水平，从枕骨到鼻梁的长度等于口鼻的长度；被毛颜色多为纯色，主要有棕色、咖啡色、杏色、奶油色，但颜色深浅不一。

二、美容前的准备工作

（一）准备工具

电剪（10#刀头、15#刀头）、直剪（7寸直剪）、牙剪、美容师梳。

（二）基础护理

① 清理眼、耳，修剪趾甲。
② 修剪腹底毛：用10#刀头将犬的腹底毛剃除干净，公犬剃成倒"V"形，母犬剃成倒"U"形。
③ 将贵宾犬清洗干净，吹干并将被毛完全拉直，为后继修剪做好准备。

三、修剪步骤及方法

（一）运动装的修剪

1. 电剪修剪

① 修剪脚部（15#刀头）：电剪朝上从趾甲开始，向上剪去脚面及两侧的毛发至掌骨，同时剪去脚垫之间和脚垫周围的毛。修剪完成后，使趾甲和脚掌上都没有任何碎毛，完全暴露脚垫。（见图3-1-1）

贵宾犬脚部修剪视频

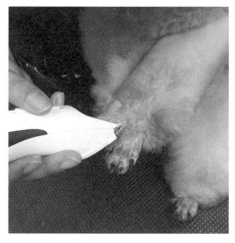
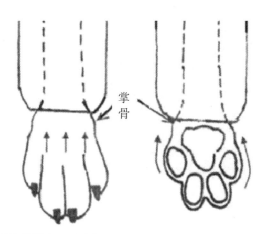

图 3-1-1　电剪修剪脚部示意图

② 修剪面部（15#刀头）：在外眼角至上耳根之间修一条直线，剪去耳朵前部的所有毛发，同时剃掉脸颊及脸两侧的毛发。抬起犬的头，从两耳朵的下耳根至喉结下方修剪呈"V"字形。两眼之间用电剪刀向着内眼角的方向剪一倒"V"形，并将鼻梁上的毛和嘴角的胡须剃干净。（见图 3-1-2）

贵宾犬头面部修剪视频

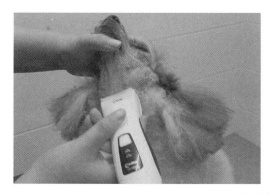
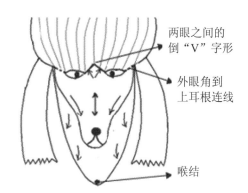

两眼之间的倒"V"字形

外眼角到上耳根连线

喉结

图 3-1-2　电剪修剪头面部示意图

③ 修剪尾巴（15#刀头）：一只手抓住犬的尾巴，另一只手将电剪倾斜逆毛修剪尾根，直至与身体结合点为止。修剪完一侧，再修剪另外一侧，使修剪的部位呈倒"V"字形，根据尾巴长短，调整修剪的长度，大约将尾部 1/3 的毛发修剪干净，提起尾巴，再将肛门周围的毛剃干净，呈"V"字形。（见图 3-1-3、图 3-1-4）

④ 修剪腹底毛：

贵宾犬尾根修剪视频

贵宾犬腹底毛修剪视频

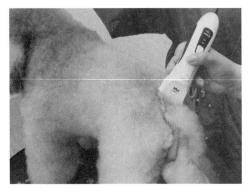

图 3-1-3　修剪尾根

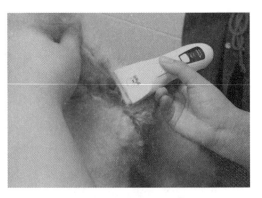

图 3-1-4　修剪下尾根

2. 直剪修剪

① 修剪背线：剪刀与背部平行，从臀部到整个身体的后 1/3 处背部修剪一段 180° 水平背线，作为基准线以确定全身毛的长度。（见图 3-1-5）

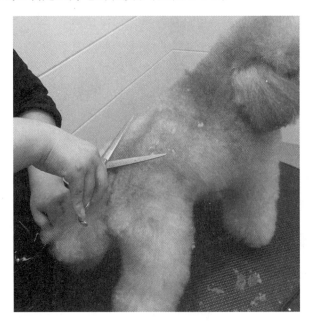

贵宾犬被毛检查及
背线修剪视频

图 3-1-5　修剪背线

如背部有畸形，则需要通过改变背线毛发的长短来调整和弥补缺陷。（见图 3-1-6）

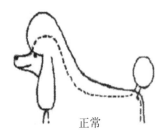

正常

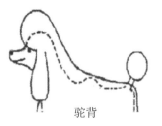

驼背　　　凹背

图 3-1-6　背部异常修正

② 修剪股线：用直剪将尾根至坐骨末端处倾斜 30° 修剪。（见图 3-1-7）

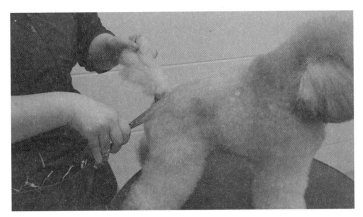

图 3-1-7　修剪股线

③ 修剪后肢：从坐骨末端处到膝关节后方（膝窝处）垂直向下修剪，后腿应保持适当的弯曲度，在飞节处修剪出 45° 转折，并将两内侧杂毛修剪干净；倾斜修剪后腿外侧，将后腿修剪成"A"字形，内侧线条与外侧平行，并包圆。（见图 3-1-8、图 3-1-9）

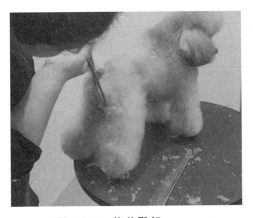

图 3-1-8　修剪臀部

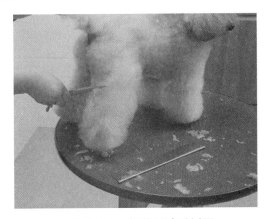

图 3-1-9　修剪后肢后侧面

如后肢有畸形则需要进行修正。（见图 3-1-10）

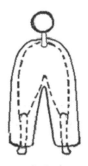

正常造型

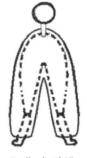

"X"字形腿

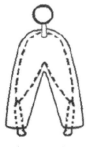

"O"字形腿

图 3-1-10　后肢异常修正图

贵宾犬股线及后肢修剪视频

④ 修剪前胸：站在狗的侧面，剪刀往外倾斜 45° 衔接颈部无毛处，至胸骨最高点，再往内 45° 倾斜修剪至肘关节上一指；站在狗的正前方，剪刀倾斜 45° 从颈部往下修剪至胸部的最宽处，使前胸浑圆，显示出贵宾犬抬头挺胸的高贵气质。注意前胸毛量的确定，不易过短也不易过长。（见图 3-1-11）

贵宾犬前胸及
前肢修剪视频

图 3-1-11　修剪前胸

⑤ 修剪前肢：垂直于地面往下修剪前腿前侧面、内侧面、后侧面、外侧面，注意与胸部、肩部、下腹部的自然衔接，把前肢修剪成圆柱形（见图 3-1-12）。如前肢间距或腿长短不正常，可通过修剪饰毛的长短来弥补缺陷（见图 3-1-13）。

图 3-1-12　修剪前肢内侧

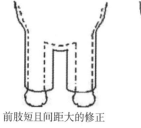

前肢短且间距大的修正

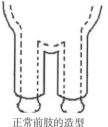

正常前肢的造型

前肢长且间距小的修正

图 3-1-13　前肢修正

⑥ 修剪腹线：沿着背线向下向前修剪腹部，修剪后呈前低、后高的斜线，最高点定在公

犬生殖器前端，母犬在肚脐；最低点在前肢的肘关节。（见图 3-1-14）

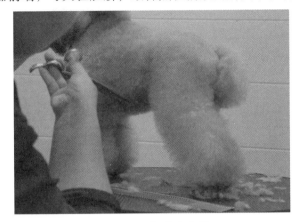

图 3-1-14　修剪腹底线

贵宾犬腹部修剪视频

⑦ 修剪头冠：将盖在眼部的长毛修剪干净，额前至头顶部的长毛做弧线修剪，然后从头顶至颈部自然过渡到背部，使得头部呈圆形且有立体感。（见图 3-1-15、图 3-1-16）

图 3-1-15　头前方的修剪

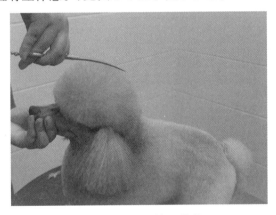

图 3-1-16　头顶饰毛修剪

⑧ 修剪尾巴：将尾巴的饰毛拧成一束，根据尾巴的长度和毛量的多少确定尾球的大小，最后用直剪把整个尾巴修剪成圆形。（见图 3-1-17）

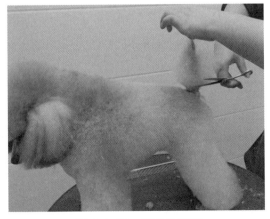

图 3-1-17　尾球的修剪

贵宾犬头冠修剪视频

贵宾犬尾球修剪视频

⑨ 全身精修。如犬只身长或腿长有异常，可按图 3-1-18 所示修正。

身长腿短　　　　　　　　　　　身短腿长

图 3-1-18　身长和腿长异常修正图

贵宾犬全身精修视频

贵宾犬修剪完成后，其修剪前后的对比如图 3-1-19 所示。

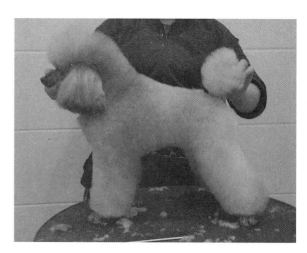

修剪前　　　　　　　　　　　　修剪后

图 3-1-19　贵宾犬修剪前后的对比

贵宾犬造型修剪步骤完整图示

（二）贵宾犬赛装赏析

如图 3-1-20 ~ 图 3-1-22 所示。

图 3-1-20　英国鞍马装　　　图 3-1-21　欧洲大陆装　　　图 3-1-22　幼狮装

（三）泰迪装头形赏析

如图 3-1-23 所示。

Bo-Bo 头

八字头

耳麦头

花生头

蘑菇头

莫西干

水滴头

圆头

图 3-1-23　泰迪头形修剪参考

四、修剪注意事项

① 在剃除面部时，要注意电剪刀头的温度不宜过烫，并且刀头不要碰到犬的眼睛，以免造成角膜损伤。

② 剃脚线时不要修剪得过高或过低，趾甲和脚趾间不得有杂毛。

③ 尾巴毛球的修剪要与身体协调，根据尾巴饰毛的毛量和尾巴的长度来确定毛球大小。

④ 修剪过程中要正确扶住狗，确保狗的站姿正确。

模块二　比熊犬的美容修剪

一、品种介绍

比熊犬，名字起源于法文"Bichon Frisé"，其中 Frisé 的意思是"卷发"，Bichon 意思是"可爱"，两个词联起来的意思就是"可爱的白色卷毛犬"。法文名字形象地描述了比熊犬可爱、迷人、讨人喜欢的形象。比熊犬原产于非洲西北利亚群岛，是一种小型犬品种，原称巴比熊犬，后简称比熊犬。它是一种娇小的、强健的白色粉扑型狗，具有欢快的性格，从它羽毛般欢快地卷在背后的尾巴和好奇的眼神中就能体现出来。比熊犬性情温顺、敏感、顽皮而可爱。就其整体外貌而言，比熊犬是小型犬，健壮、萌，蓬松的小尾巴贴在后背，有着一双充满好奇的黑色眼睛，动作优雅、灵活、逗人喜爱。

二、美容前的准备工作

（一）准备工具

电剪（10#刀头）、直剪、牙剪、美容梳等工具。

（二）基础护理

① 清理眼、耳朵，修剪趾甲。

② 用 10#刀头修剪脚、腹底毛和肛门周围。

③ 选择适宜的浴液将比熊犬清洗干净，处理肛门腺，吹干被毛并完全拉直。

三、修剪步骤及方法

（一）电剪修剪

用电剪修剪比熊犬的脚底毛、唇线、肛周、腹底毛。

比熊犬脚底毛、唇线、肛周、腹底毛修剪视频

（二）直剪修剪

① 用直剪将尾巴饰毛修剪成与背线有 2 cm 的距离。（见图 3-2-1）

② 在尾根上方用直剪倾斜 45° 修剪出一个斜面，以尾根为中心将臀部修剪得浑圆。（见图 3-2-2）

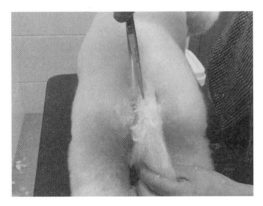

图 3-2-1　修剪尾根

图 3-2-2　修剪股线

③ 从臀部到背部水平修剪出一条背线。（见图 3-2-3）

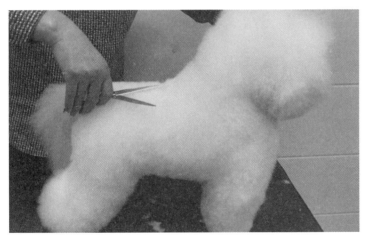

图 3-2-3　修剪背线

④ 以背线为基准，从臀部向后肢后侧弧形修剪，后肢与臀部的毛发要形成浑然一体的感觉。后肢飞节上部修剪成圆润的弧形，飞节后端的毛要向上扬起，并修剪两腿之间的杂毛。（见图 3-2-4、图 3-2-5）

⑤ 用直剪从臀部和背线过渡到腰部，在稍微靠前部分修剪出腰线，略微有一点收腰效果即可。

⑥ 将腹底部修剪成前低、后高的圆瓶状，腹侧部与正侧部要自然衔接，注意与胸腹部的衔接。

图 3-2-4　大腿和臀连接

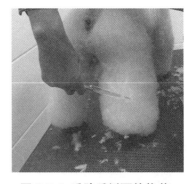

图 3-2-5　后肢后侧面的修剪

比熊犬腰线修剪视频

比熊犬腹侧部修剪视频

比熊犬身体中心线往下
修剪部分的修剪视频

⑦ 将眼睛周围的毛发修剪整齐，使得两眼深深陷入饰毛之中，修剪掉鼻梁上过长的挡住眼睛的毛发，下颌修剪成弧形，但不可太短，最终鼻端与眼睛的连线呈正三角形，整个头部修剪成圆形，注意与前胸的衔接。（见图 3-2-6、图 3-2-7、图 3-2-8）

图 3-2-6　修剪鼻梁的碎毛

图 3-2-7　头部下颌的修剪

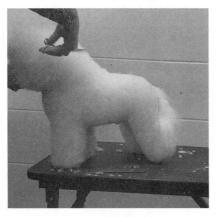

图 3-2-8　颈部与背线自然过渡

比熊犬头部修剪视频

比熊犬颈部修剪视频

⑧ 前胸修剪成以胸骨最前端为最高点的微微突起，注意与颈部和前肢的连接。（见图3-2-9、图3-2-10、图3-2-11）

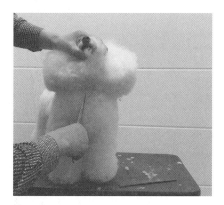

图 3-2-9　剪刀微微倾斜修剪前胸上部

比熊犬前胸修剪视频

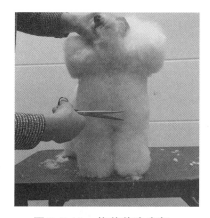

图 3-2-10　修剪前胸底部

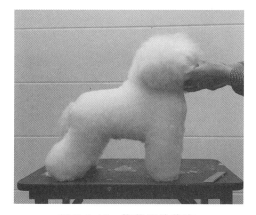

图 3-2-11　修剪后的前胸

⑨ 前肢由前胸、肩过渡成圆滑曲线，修剪前肢各方位，最终使前肢呈圆柱形。（见图3-2-12）

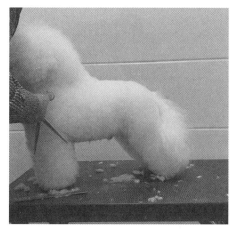

图 3-2-12　前肢外侧修剪

比熊犬前肢外侧及
后肢外侧修剪视频

⑩ 整体精修，使其看起来更加自然、可爱。其修剪前后的对比如图 3-2-13、图 3-2-14 所示。

图 3-2-13　修剪前

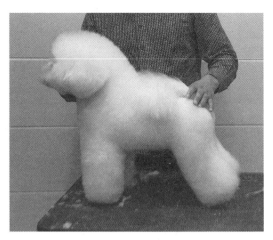

图 3-2-14　修剪后

四、修剪注意事项

① 比熊犬的被毛较厚、柔软，梳毛时应选择密齿梳。

② 修剪过程中应确保比熊犬正确站立姿势，以免影响修剪效果。

③ 头部修剪是比熊犬美容的重点部分，应突出头部的圆和眼睛的深陷，同时耳朵应与头部饰毛浑然连成一体。

④ 比熊犬修剪后要显示出头部的圆形、四肢的圆柱形，但应注意左右对称。

比熊犬造型修剪
步骤完整图示

模块三　博美犬的美容修剪

一、品种介绍

博美犬最初是由位于德国东北部地区博美拉尼亚的普鲁士民族饲养的雪橇犬，是北方雪橇犬家族中体型最小的一种，是比它身材大得多的极地国家雪橇犬的后代，1888 年因被维多利亚女王喜爱进而变为大众喜爱的伴侣犬，不过由于原始的天性，博美犬仍然具备看家护院的本领。

博美犬是一种结构紧凑、短背、活跃的玩具犬，体重一般不超过 3 kg，属于小型伴侣犬。它拥有柔软、浓密的底毛和粗硬的被毛，尾根位置很高，长有浓密饰毛的尾巴平放在背上。因为博美犬具有双层毛并且毛色呈多样性，所以需要定期护理。

二、美容前的准备工作

（一）准备工具

电剪（10#刀头）、直剪、牙剪、小直剪、美容梳。

（二）基础护理

① 清理眼、耳，修剪趾甲。

② 修剪腹底毛：10#刀头将犬的腹底毛剃除干净，公犬剃成倒"V"形，母犬剃成倒"U"形。

③ 将博美犬清洗干净并吹干，注意边吹边拉毛，将全身被毛梳理顺畅。

三、修剪步骤及方法

① 修剪尾部：用直剪从尾根位置，将尾根至尾尖方向约 1 cm 长度的毛剪短。尾根背侧面饰毛剪至几乎与尾巴相平，从侧面看感觉尾根被提至腰部，影响尾巴与背部的毛也要剪掉。（见图 3-3-1）

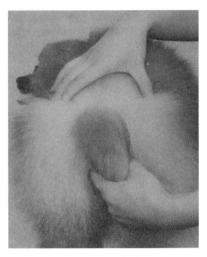

图 3-3-1　尾根部的修剪

② 修剪臀部：用梳子把臀部的毛向上挑起，将臀部修剪成一个以臀部上 1/3 处（坐骨端）为最高点和后肢飞节为最低点的一个半圆弧，似"鸡大腿"形状。（见图 3-3-2）

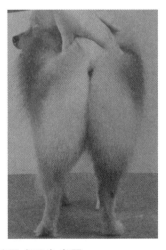

图 3-3-2　臀部修剪成一个完整圆或两个半圆

③ 修剪后肢飞节以下部分：将后肢飞节的毛逆毛挑起，若飞节垂直于桌面则向下修剪整齐即可；若飞节向前斜，则上部留毛短，下部留毛长；若飞节向后斜，则上部留毛长，下部留毛短。

④ 修剪腰线：用直剪沿臀部左右倾斜修剪，在后肢前面稍稍修剪出一条弧线，但不要将后躯与前躯过分分开。（见图 3-3-3）

⑤ 修剪腹线：用直剪从胸下部最低点修剪至前肢的肘关节，向后至腹部有收腹线。

⑥ 修剪前胸：前胸修剪成一个以胸骨斜上方为最高点、肘关节为最低点的一个饱满的圆形，注意不能收得太窄。（见图 3-3-4）

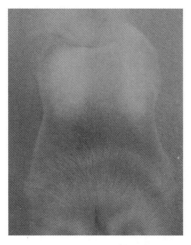

图 3-3-3　腰线修剪

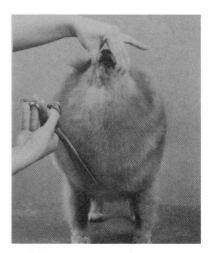

图 3-3-4　前胸修剪

⑦ 修剪前肢：将前肢水平拉起，将前肢的饰毛向下梳理，由腕部至肘部做斜线修剪，最终将前肢剪成垂直于地面的形状，并修圆脚边。

⑧ 修剪面部：根据主人的要求可修剪脸部胡子和眉毛。

⑨ 修剪耳朵：两只耳朵采用三刀剪法，用拇指和食指捏住耳朵将耳尖多余的毛发剪掉，使耳尖、外眼角、鼻尖呈正三角形。（见图 3-3-5、图 3-3-6）

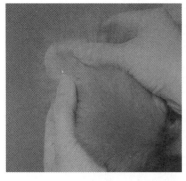

图 3-3-5　耳朵三刀剪法

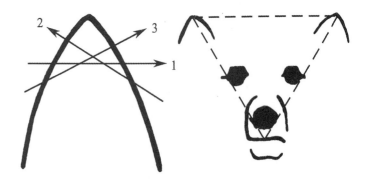

图 3-3-6　耳朵的修剪方法及修剪后效果

⑩ 整体修剪：用直剪将背部参差不齐的被毛修剪整齐，修圆。用牙剪整体修剪，使其看起来更加自然、可爱。（见图 3-3-7）

图 3-3-7 修剪后的博美犬

博美犬造型修剪步骤完整图示

四、修剪注意事项

① 耳朵的修正：如果两耳间距离过大，则将耳朵外边缘的毛多剪一些，内边缘的毛少剪一些；若耳朵长得很紧凑，则耳朵外边缘的毛少剪一点，内边缘的毛多剪一点。（见图 3-3-8、图 3-3-9）

图 3-3-8 两耳间距小的修正

图 3-3-9 两耳间距大的修正

② 四肢的修正：四肢长的犬，腹线修剪幅度小，毛留较长；四肢短的犬，腹线修剪幅度大，毛留较短。（见图 3-3-10、图 3-3-11）

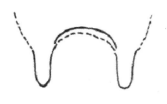

毛留较短

图 3-3-10 四肢较短的修正

毛留较长

图 3-3-11 四肢较长的修正

模块四 北京犬的美容修剪

一、品种介绍

北京犬又名小狮子犬，起源于中国，曾是几代帝王的宠物，直到 1860 年，八国连军攻占北京，北京犬作为战利品被带到英国，献给了维多利亚女王，才被西方人士熟知。该犬标准体高 20 ~ 25 cm，体重 3.5 ~ 6 kg，体长略大于肩高，身体高长比例约为 3:5，属于典型的公寓犬，现今主要作为玩赏和伴侣犬。

北京犬身体结构非常匀称、紧凑，肌肉发达，整个身体呈"梨"形。前腿短而向外弯，后腿轻稳，脚扁而不圆，外表酷似狮子；有两层被毛，下层绒毛长而厚，上层被毛粗而直，耳、胸、腿、尾都长有长而漂亮的装饰毛；鼻子位于两眼中间，鼻子上端正好处于两眼间连线的中间位置；眼球黑、圆大且突出，有光泽而且分得很开，眼圈为黑色；嘴阔、有褶皱，下颌坚实、不露齿。尾根位置高，向背部翻卷，饰毛长、厚而直，并垂在一边，呈放射状有"菊花尾"之称。

二、美容前的准备工作

（一）准备工具

电剪（10#刀头）、直剪、牙剪、美容师梳。

（二）基础护理

① 清理眼、耳，修剪趾甲。

② 用 10#刀头将腹底毛剃干净，公犬剃成倒"V"形，母犬剃成倒"U"形，并将肛门周围的毛修剪干净。

③ 将北京犬清洗干净并吹干，注意将被毛完全梳通。

三、修剪步骤及方法

（一）修剪步骤

① 用美容师梳将臀部的毛挑起，将尾根至飞节的长毛修剪出半圆弧形，臀部的大小与犬的整体成比例。（见图 3-4-1）

图 3-4-1 修剪臀部

② 臀部的最高点定在臀部上方的 1/3 处，依据毛量修剪成半圆形，从后面看臀部像半圆的"苹果"状。（见图 3-4-2）

③ 将后肢飞节以下多余的长毛修剪整齐，但不可修剪得过短，以免影响骨量。

④ 飞节以上的饰毛根据腿的粗细剪出浑圆感，从侧面看外形如"鸡腿"。（见图 3-4-3）

图 3-4-2 修剪后的臀部

图 3-4-3 修剪后的臀部

⑤ 将足边修剪整齐，不可露出脚趾。

⑥ 将体侧毛用美容梳挑起，修剪整齐，整体要圆润。

⑦ 下腹线最高点公犬定在生殖器前，母犬定在倒数第 2 与第 3 个乳头附近，腹线要收得流畅自然。（见图 3-4-4）

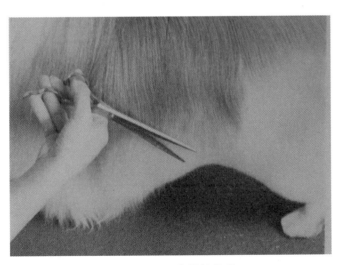

图 3-4-4 下腹线的修剪

⑧ 胸部要修剪得浑圆、饱满。最高点定在胸骨的斜上方，胸骨下方的毛要剪得短一些，注意过渡的衔接。

⑨ 将胸毛用美容师梳挑起，从下颌至胸骨部分依次修剪，呈圆滑隆起形状。

⑩ 拉直前肢，将胸底部的长毛向下梳理整齐，用直剪做胸部与腹部的过渡修剪，使其自然衔接，注意胸部不能有下垂感。

⑪ 将前足向后抬并上翻，用直剪将近腕关节以下的长毛剪去。

⑫ 抬起前肢，用直剪将前肢的肘关节至腕关节的长毛剪去，呈斜面，肘关节部最长的毛应与胸底最下端长毛相接。由于北京犬四肢较短，在修剪时应注意比例。（见图3-4-5）

⑬ 让犬自然站立，将前肢修剪成圆柱形，不要修剪得太细小，以免破坏身体的整体比例，修剪后外观应似"小鸡腿"。

⑭ 前肢与胸部自然衔接过渡，修剪圆润。

⑮ 修剪内眼角下方鼻梁褶皱处的多余长毛，切勿伤及眼睛。

⑯ 脸颊两侧的长毛要稍加修剪，但不要剪去太多，否则会显得头较小。（见图3-4-6）

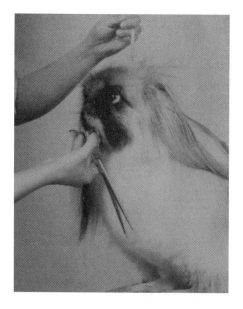

图3-4-5 胸部修剪

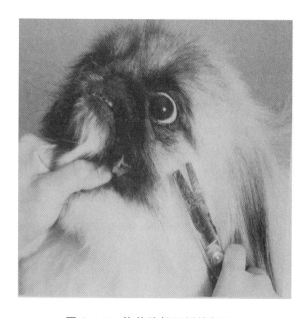

图3-4-6 修剪脸颊两侧的长毛

⑰ 根据个人喜好，可将长而硬的唇须从根部剪掉。

⑱ 用牙剪以头顶为中心将头顶饰毛做扇形修剪，使其圆滑。（见图3-4-7）

⑲ 用直剪将尾巴根部的长毛剪短，长度应与整体饰毛成比例，将尾部长毛从中心线一分为二，顺毛的生长方向梳理整齐，作弧线修剪，使修剪后的尾巴呈"半月状"。（见图3-4-8）

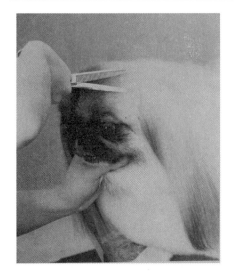

图 3-4-7　头顶修剪

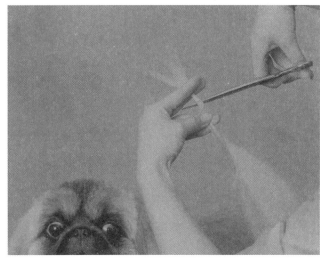

图 3-4-8　尾部修剪

⑳ 整体精修，使其看起来更加自然、可爱。其修剪前后的对比如图 3-4-9、图 3-4-10 所示。

图 3-4-9　修剪前

图 3-4-10　修剪后

北京犬造型修剪步骤完整图示

（二）北京犬狮子装赏析

如图 3-4-11、图 3-4-12 所示。

图 3-4-11 北京犬狮子装造型

图 3-4-12 狮子装的整体造型和运剪方法

四、修剪注意事项

① 传统造型的修剪要体现出北京犬的品种特点。

② 北京犬胸部被毛要修剪得浑圆、饱满。

③ 北京犬头部、面部的修剪要注意细节，使其干净整齐。

④ 注意尾巴的修剪技巧。

⑤ 根据宠物主人要求的长度留取被毛，选择合适的电剪刀头。

北京犬狮子装修剪
步骤完整图示

模块五　西施犬的美容修剪

一、品种介绍

西施犬原产于我国西藏，是我国具有悠久历史的犬种。传说在 17 世纪中叶，由西藏达赖喇嘛献给皇帝的拉萨狮子犬与北京犬杂交而成。它的祖先是住在紫禁城中的贵族伴侣犬。西施犬体型小，体重 4.5 ~ 7.5 kg，聪明，非常活泼及友善；头圆且宽，颅骨呈拱形，眼睛大而圆但不突出，眼距宽，呈黑色，幼年时期头面部似"菊花"状，成年后的饰毛会长而下垂，但毛的生长方向仍是"菊花"状。西施犬拥有双层被毛，内层绒而密，外层长而硬，但有轻微波浪；颈部足够长，使其头部可以高高抬起，以显示其高贵气质；背线水平，四肢笔直，骨骼发达，肌肉丰富。

1908 年慈禧太后死后，这种犬被秘密运往欧洲，列入非运动犬组。英国于 1935 年成立了西施犬俱乐部，1969 年 AKC 对西施犬开始登记，当年 9 月正式参加比赛，归类到玩具犬组。

二、美容前的准备工作

（一）准备工具

电剪（4F、10#刀头）、直剪、牙剪、美容师梳。

（二）基础护理

① 清理眼、耳，修剪趾甲。

② 修剪腹底毛和脚底毛：10#刀头将犬的腹底毛（公犬剃成倒"V"形，母犬剃成倒"U"形）、脚底毛剃除干净；

③ 修剪肛周及尾根：用10#刀头将肛门周围剃成"V"形，尾根以上2 cm的毛剃干净。

④ 将西施犬清洗干净并吹干。

三、修剪步骤及方法

（一）电剪修剪

将背部分成7层，第1层从枕骨到尾根；第2层、第5层分别位于脊椎两侧；第3、第6层位于身体中间部位；第4、第7层紧挨着3、6层下面。用4F刀头顺毛剃除这7层的被毛。（见图3-5-1、图3-5-2）

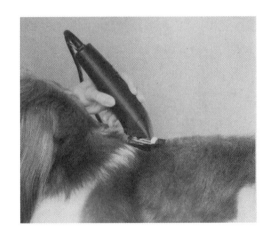

图 3-5-1　背部修剪　　　　　　　　　图 3-5-2　体侧修剪

（二）直剪修剪

① 用美容师梳将毛挑起，将屁股修剪成圆形，屁股不可修剪得过大或过小，应根据犬只的大小和毛量的多少来确定。

② 修剪后肢：先将脚边缘长过脚垫的毛修剪干净整齐，使其呈"靠近肉垫处毛短、远离肉垫处毛长"的形状，但不能露出脚趾。后腿后侧面以后肢飞节角度的正中作为假想点，用直剪分3步修剪出完美的飞节角度：第1步从坐骨开始斜向假想点处；第2步从飞节下方斜向假想点；第3步把假想点连接处按弧形修剪。修剪成侧望时后肢呈一条直线。用直剪将后肢外侧面、内侧面和前侧面作由上至下垂直修剪。四个侧面修剪结束后，后肢将修成裤裙形。（见图3-5-3、图3-5-4、图3-5-5）

③ 修剪前肢：脚边缘毛的修剪方法与后肢相同。用直剪将西施犬的前肢修成裤裙形，即前肢的前侧面、外侧面、后侧面和内侧面均垂直于桌面修剪。

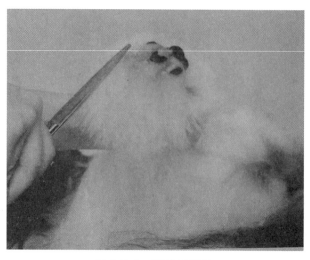

图 3-5-3　修剪后脚边

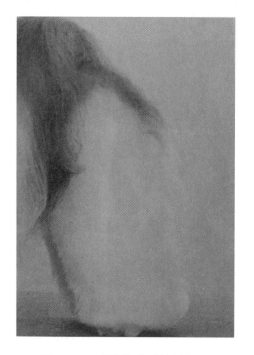

图 3-5-4　后肢修剪后的侧望图

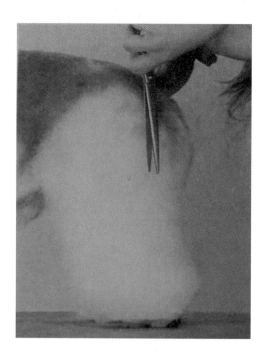

图 3-5-5　修剪后的后肢后侧

④ 修剪头部：用直剪将鼻梁上方至内眼角处的毛修剪整齐，突出鼓胀的嘴部。再将下颚的饰毛剪短至喉结部，并向上做弧线修剪至下唇边。最后将两颊的毛由耳根处向下划弧线至下腭修剪，使整个头部饱满浑圆。头顶部毛发适当修剪，使得两耳根中间呈拱形，眼上方至枕骨修剪成圆形，整个头部呈圆形。耳饰毛向下梳理并修剪整齐，长度可与下巴长度保持一致，也可以适当留长。（见图 3-5-6、图 3-5-7、图 3-5-8）

图 3-5-6 修剪鼻梁上方至内眼角处

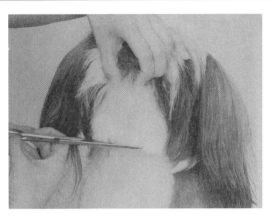

图 3-5-7 修剪下颌部位

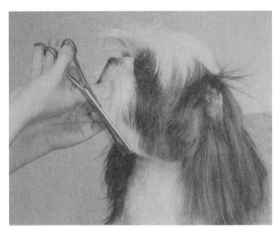

图 3-5-8 修剪两颊

⑤ 修剪尾部：将松散的尾巴拧成束，用牙剪剪掉尾束尖部突出的毛发，再用牙剪修剪尾巴上参差不齐的被毛，尾巴修剪成尾根部位毛长而尾尖部位毛短的斜线形状。（见图 3-5-9）

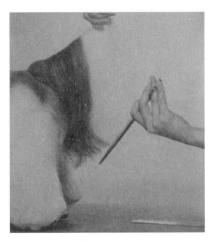

图 3-5-9 修剪尾巴

⑥ 整体精修，使其看起来更加自然、可爱。其修剪前后的对比如图 3-5-10、图 3-5-11 所示。

图 3-5-10 修剪前

侧面

正面

图 3-5-11 修剪后

四、修剪注意事项

① 四肢修正时，修正长筒短肢，需要将前胸及臀部的毛剪短，腹线上提，腰线前移。

② 修剪四肢时，修正短筒长肢，需要将前胸及臀部的毛留长，腹线下移，腰线后移。

西施犬造型修剪
步骤完整图示

模块六 雪纳瑞犬的美容修剪

一、品种介绍

雪纳瑞起源于 15 世纪的德国，是唯一在㹴犬类中不含英国血统的品种，其名字"Schnauzer"是德语中"口吻"的意思，原因就是此种犬的标志性特征就是在吻部有很浓密的胡须。根据体型大小可分为巨型雪纳瑞、标准雪纳瑞、迷你雪纳瑞三种，身高与体长比为 1:1，身体结实，骨量充足；头部呈矩形，眼睛小，深褐色，眼睛呈卵形而眼神锐利；耳朵位于头顶较高的位置，内边缘竖直向上，外边缘可能略呈铃状。如果未剪耳，则耳小，呈 V 形，折叠在头顶。双层被毛，即柔软细密的底毛和粗硬长直的外层毛。颜色主要有黑色、椒盐色和黑银色。雪纳瑞的表情丰富，喜怒哀乐都会有明显不同的表现，对人非常亲切友善而且忠心耿耿，是一种聪明易于调教的犬种。

二、美容前的准备工作

（一）准备工具及用品

电剪（7#、10#刀头）、直剪、牙剪、美容梳、浴液、护毛素。

（二）基础护理

① 刷理被毛，并清洗眼睛、耳朵、修剪趾甲。

② 选择适宜的浴液将雪纳瑞全身清洗干净，清理肛门腺，烘干并梳通被毛。

③ 用 10# 刀头将腹底毛清理干净，公犬剃成倒 V 形，母犬倒 U 形；将脚底毛剃干净，并使趾间无毛。

三、修剪步骤及方法

（一）电剪修剪

雪纳瑞犬的电剪修剪示意图如图 3-6-1 所示。

图 3-6-1 电剪修剪示意图

雪纳瑞犬造型修剪步骤完整视频

① 电剪 15# 刀头：顺毛从耳根至耳尖部分将耳朵内、外两侧面毛发剃除干净，逆毛剃除耳洞周边的毛发。

② 10# 刀头：从眉骨后一指处顺毛剃至枕骨，由上耳根处向外眼角直线剃至眼角后一指（逆毛），再从外眼角垂直向下剃至下颚直至胸骨与喉结之间的 1/2 处，使得剃完后成"V"形（见图 3-6-2）；从后望臀部时有一处箭头形区域也是用 10# 电剪逆毛修剪干净。

图 3-6-2 颈部修剪呈"V"字形

③ 7/7F 号刀头：将头部与身体拉平，由枕骨至尾尖顺毛剃除背部毛发；肩部由肩胛顺毛剃至前肢肘关节处，从胸骨顺毛剃到前肘后侧上 1～2 指，再从前肘后侧依次向后剃斜线至腰窝，腰窝至后腿侧面斜线剃到飞节上 2～3 指，后肢前侧毛留下做腿部修剪。再将尾巴、肛门向上、肛门向下至生殖器附近也修剪干净。（见图 3-6-3、图 3-6-4）

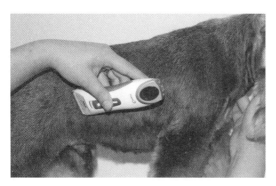
图 3-6-3　身体两侧面的修剪

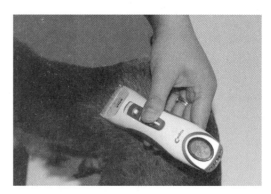
图 3-6-4　后肢剃至飞节

（二）直剪修剪

1. 四肢修剪

用剪刀将长于脚垫的饰毛围绕脚边修剪一圈，让剪刀与桌面呈 30°，可微微露出中间 2 个趾甲，两腿侧面垂直向下修剪，且微微有间隙，修剪后呈上细下粗的"垒球状"或保龄球瓶形或圆柱形。前腿与后腿的修剪方法相同。（见图 3-6-5）

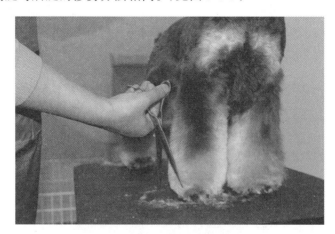
图 3-6-5　脚边线的修剪

2. 头部修剪

① 眉毛：用牙剪从两眉之间至鼻根部修出一条较窄的明显分界，然后将直剪尖指向鼻端，剪刀静刃贴在外眼角后端脸颊部，在眉毛处做一刀式修剪，剪刀力度要掌握好，令眉毛呈上长下短；再用牙剪将外眼角下方和脸颊相接处做过渡修剪，使其修剪完成后两眉从正面看不能看到眼睛，而从侧面看能看到眼睛的"月牙形"。（见图 3-6-6、图 3-6-7）

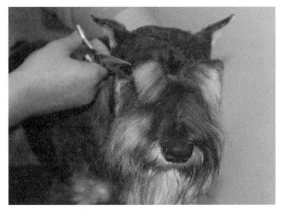

图 3-6-6　眉毛的修剪

图 3-6-7　修剪后的眉毛

② 耳朵：从耳朵两侧的外耳根向耳尖修剪成直线；修剪耳边缘小绒毛时，手指轻轻按住耳廓，用剪刀除去耳朵周围所有绒毛，注意不要伤到附耳。

3. 身体侧面修剪

将腹侧部毛发向下梳理，腹底饰毛修剪成前低后高的整齐斜线，体侧饰毛与后腿前侧相接处做出弧度；用牙剪将臀部逆毛修剪区域同背毛顺毛修剪区域相连接，后腿外侧剃毛区与长毛相接处用牙剪过渡，使分界痕迹不明显。

雪纳瑞犬头部修剪视频

最后整体精修，使其看起来更加自然、可爱，如图 3-6-8 所示。

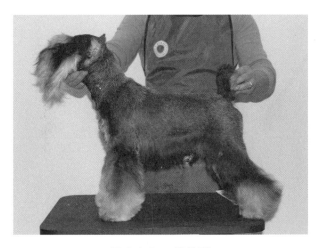

图 3-6-8　修剪后

雪纳瑞犬造型修剪
步骤完整图示

四、修剪注意事项

① 电剪修剪部分要注意运剪方向，合理使用电剪刀头修剪每一部分。

② 头顶、眼部及耳部的饰毛，要正确修剪以保证该品种的特点。

③ 胡须要修剪整齐、匀称美观。

④ 四肢内侧的毛要修剪整齐。

⑤ 注意电剪和直剪修剪过的部分要用牙剪做自然过渡衔接。

五、雪纳瑞犬的拔毛和刮毛

（一）目的

参赛的雪纳瑞犬为了确保毛发的状态，需要进行刮毛和拔毛，如用电剪修剪，则会使被毛失去应有的色泽或质地变松软。

（二）工具

中等长度的拔毛刀。

（三）范围

第一周，只拔雪纳瑞犬的背线屈凹处；第二周，从头盖骨下端起到肩胛骨后再扩大到腹部、背部和大腿等部位，目的是为了使其背毛长齐后，背线更加平滑，具有流线型；第三周，沿着耳根往下拔至前脚；第四周，则是拔除颈部和头部的毛发。

（四）步骤

① 第1作业面上（见图3-6-9），用梳子梳起少量的毛发靠在拔毛刀片上，左手抓住犬只被毛，右手紧捏住毛尾，顺毛生长的方向用力连根拔掉。用同样的方法将此作业面上所有被毛拔掉，露出皮肤。

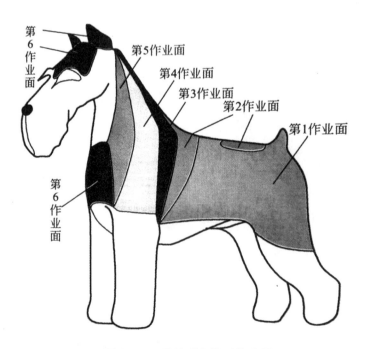

图 3-6-9 雪纳瑞犬拔毛作业图

② 在裸露的皮肤上涂上消毒药膏，并保持清洁。

③ 隔1周后拔第2作业面上的被毛，以此类推，将第3~6作业面上的被毛拔掉，每个作业面间隔1周。一般拔毛分4周完成，拔毛后经过8周的生长，毛的长度即可达到比赛的标准长度。不可将毛发缠绕手上用力向上拉扯，这样会损伤毛发。

④ 拔毛完成后4~5周，底部细绒毛长出，此时要耐心地将长出的底毛拔光，留下贴紧皮肤的粗毛，即是期待中的刚毛，此时拔毛步骤完成。

⑤ 刚毛长出后，分别使用粗、细齿的刮毛刀适度地刮细毛，每周1次。背部用粗齿的刮刀顺毛刮过，细齿刮刀用于颈、头部刮掉不伏贴的细毛。

处理完新长出的底毛后，刚毛将随后长出，此时不要清洗犬的被毛。普通的宠物浴液和水会破坏掉刚毛的硬度。因此，洗澡时只洗犬的脸部、四肢及腹部等部位。刚长出的刚毛必须清洗时，只能使用㹴犬专用的"刚毛"洗毛精。

模块七　常见大型犬的美容修剪

一、金毛犬的修剪

金毛犬美容的主要地方是身体、头部、颈部、耳朵、腿部、脚、尾巴等。在日常护理时，要经常对犬的被毛做刮毛或用青石打磨处理。为了让犬的毛发更顺滑、伏贴，洗浴时要选择正确的浴液，吹风的时候要顺毛吹干。

修剪身体时，金毛犬身体的背线标准是毛发平顺，要选择刮毛刀、青石和牙剪来修剪。把身体的被毛用刮毛刀刮顺平，如果有特殊的毛发，刮毛刀不能起到很好的作用，可以选择牙剪。身体毛发基本顺滑后，可以用青石打磨，这是日常工作的一部分。修剪头部时，主要是处理头顶、头与耳根的衔接处和修剪胡子。金毛犬的头部，从枕骨向额段方向通常会出现高突的一条线，或者会头顶不平，这就需要处理头顶的饰毛，可选用刮毛刀或青石操作，尽量把头顶做得平坦些，一定要避免把毛刮得太秃或刮出坑。如果用青石能够把头顶打磨平坦，就不要用刮毛刀，因为刮毛刀刮下的毛太多，有时掌握不好尺度会使头顶更加不平整。把耳朵自然上提，用牙剪从耳孔向下到颈部用牙剪打薄，位置不超过嘴角的延长线（头部水平时），之后与颈部侧面的毛衔接好。修剪耳朵的时候，首先处理耳朵的内、外侧，没有修剪过的耳朵内外都会有大量的饰毛，给人感觉耳朵鼓鼓的，还很杂乱。耳朵内、外侧的处理方法大概一致，一般先用刮毛刀把内侧刮薄，并需要把长毛割断，再刮外侧的毛，注意要刮得自然平顺。再用牙剪修剪耳朵的边缘，耳朵修剪的形状像心形，耳朵向前拉扯，长度应刚刚盖上眼睛为宜，不能太长，修剪边缘时，要注意内外边缘的收圆。前肢的修剪一般是弥补前肢不直，前肢前侧的饰毛很少很薄，在修剪时要注意不要修剪得过多过薄。金毛犬的脚要修剪成猫足状。首先要把趾甲剪掉，这样做出来的猫足更漂亮，先用钢丝梳逆毛梳，把毛打蓬后，用牙剪从肉垫向足的上方做饱满的、向前突的圆形修剪，做好后剪刀立起，把指缝隐约地做出。用牙剪将尾巴修剪成菜刀形，长度不超过飞节，金毛犬的尾根尽量与背线平行在一条直线上。尾根上部用刮毛刀和牙剪修剪平顺，左右和下部约2 cm处修剪得短一些，剪完后要与菜刀形的饰毛自然衔接。修剪菜刀尾巴，尾尖处不宜修得太长或太短，更不能太秃，尽量在飞节处。修剪臀部时，从下尾根和尾根的侧面向下，用牙剪修剪平顺即可。后肢飞节下用钢丝梳逆毛梳起，修剪一直线，从侧面看是一直线，从后面看是个饱满的圆柱。最后，整体要用刮毛刀将修剪过的各部位自然衔接。

二、大白熊犬的修剪

大白熊犬的内层毛发丰盈，纹理细腻，通体雪白。毛发如一贴身棉袄，使大白熊犬能抵御恶劣天气。

修剪大白熊犬的头部主要是刮平头部，把每一根硬毛都从根部剪下。把耳朵上的细微绒毛刮薄一些，更能突出头部轮廓，梳理、修剪、再梳理，直到整个耳朵平整光滑为止。切忌用剪刀生硬地剪短。所有这些操作都会使位置过高的耳朵看上去低缓一些。前额毛发连同眉毛在内均需刮薄，并形成一个自然柔和的坡度。修剪背部时，如果想使犬的背部看上去短小一些，尾巴基部的绒毛就需要刮薄。对于参展犬而言，臀部的毛发不能直立，所以可在犬臀部压一块厚毛巾，上场前再拿掉，这样可以使这部分毛发伏贴一些。反向梳理背毛，可使大白熊犬看上去更高、更加挺拔，最后再通梳全身毛发。臀部的毛也要再削薄，使其体线平和柔顺。先通梳臀部被毛，掀开外层较长的毛，用薄片剪刀处理，一次处理一小绺。尾巴上的毛沿尾骨小心梳理，尾巴上下两侧都要整理，上面的毛修理完毕，再把尾巴翻过来处理下面的毛，这样，多毛的尾巴才显得匀称。

三、英国古代牧羊犬的修剪

英国古代牧羊犬有丰富的毛发，内层毛很容易粘连，形成毛球，因此需要时常梳理，定期做专业性的美容。六七个月以下的幼犬日常按时刷被毛即可；7个月～1岁的幼犬有些部位会积聚粘发、毛球，需要通梳，每日需进行必要的检查；2～3岁的成年犬可以每周进行一次彻底的美容。

英国古代牧羊犬头顶的被毛披散下来会像拉萨犬那样掩盖眼睛。脚部要修剪出平整、圆滑的边缘。臀部用剪刀或薄片剪刀刮出圆润的线条，但要注意，要走到远处看看效果，不要急于下手。应将脚垫之间和后脚跟的毛修剪掉以免显得脚部过大，不能形成整洁圆润的四肢。腿部应是笔直的圆柱状，要对影响线条流畅的被毛进行修剪。对于那些被毛过于丰厚的犬，若肩部毛发垂下来显得脖子太短、肩膀太胖时，肩部的长毛也要适当修剪。赛级美容时，应少用直剪，可用打薄剪将飞节以下的毛发打薄，从长毛根部往上修，让上部的毛发看起来更长，轮廓更鲜明。

四、寻血猎犬的修剪

用钝头剪刀或 10#电剪修剪胡须。如果头顶不美观，可用牙剪仔细修剪。一定要确保耳后干净。在修剪腹部时，要突出其很高的肋骨，因此一般不修剪腹部毛发。但如果腹部的毛发较长且蓬乱，应修剪整齐。尾部一般将杂乱的飞毛修剪掉即可。

五、苏格兰牧羊犬的修剪

苏格兰牧羊犬是一种柔韧、结实、积极、活泼的品种，不需要过多修剪。自然站立时，被毛整齐而稳固，外层被毛直，底毛柔软、浓厚、紧贴身体，以至于分开毛发都很难看见皮肤。

由于苏格兰牧羊犬的鬃毛和饰毛的毛发都非常丰富，所以每天都要用鬃毛梳顺着毛的方向梳理被毛，同样是从脚开始往上梳，一层层地向上梳理。然后梳理胸部的毛直到下巴、身体两侧和背部。在修剪时，一般先修剪臀部上的毛，特别是肛门周围的长毛要纵向修剪一点。背部的被毛梳理通顺后，只修剪飞毛即可，如果臀部的毛过于丰厚，看起来不协调，还需要打薄一些。注意一定要纵向修剪。四肢只需修剪整齐使被毛平顺即可。对耳朵里面的杂毛要修剪，如果有影响眼睛的毛也要处理掉。对于参加比赛的犬，耳朵后面杂乱的毛也要剪。

六、哈士奇的修剪

哈士奇属于双层毛发品种，下层毛柔软、浓密，长度足以支撑外层被毛。外层粗毛平直、光滑、伏贴，不粗糙、不能直立。但换毛期没有下层被毛是正常的。

宠物级的哈士奇在修剪时可以修剪胡须、脚趾间以及脚周围的毛，以使外表看起来更整洁，其他部位的毛是不必修剪的。

哈士奇进行赛场美容时，首先用速效清洁剂将脚上或身上弄脏的部分清洁一下。先挤出几团高保洁摩丝，抹在被毛上，一边吹一边梳。将毛发增量膏取出一些（大概用手指挖 2～3 次够一只成年哈士奇使用）置于喷雾器内，兑水后喷洒于全身，直至毛发充分湿润，然后一边梳理一边吹干。用一块小毛巾蘸取少量犬用遮瑕膏，抹在四个脚上的白毛部位、肘部的磨损处和其他有瑕疵的部位，并轻轻擦一下，让遮瑕膏均匀覆盖。记得要用毛巾来涂抹，不能用手指。用手指取少量造型粉底双效膏（造型剂），双手均匀搓揉后抹在四肢上（粉底膏的作用是，便于接下来打粉时可以牢牢粘住粉，不会让打上去的粉四散）。添光粉末是一款含有闪光粒子的粉，与普通粉不同，用粉刷将添光粉打在四肢抹过造型剂的部分，以及尾巴下部和身体上部的白毛区，甚至可以用手抓一点添光粉，在身上微微撒一下，会让整体看起来熠熠生辉，非常闪亮。打粉后，用吹风机吹去多余的粉末。犬用定型摩丝可以用来将某些犬背上不平的毛发定型，塑造完美清晰的背线，还要将脸庞两边的毛发往前梳理固定，塑造可爱的大脸效果。另外，喷点除臭香粉可以博得裁判的好感。全部造型完成后，全身喷洒适量的速效亮毛喷剂，这是一款定妆水，会让犬的被毛迅速发光，尤其是在灯光和阳光下，非常漂亮。

七、萨摩犬的修剪

萨摩犬为双层被毛。下层毛短、柔软、似羊毛，覆盖全身；上层毛较粗、较长，垂直于身体生长，但不卷曲。颈部和肩部的被毛呈领状（公犬比母犬多）。通常母犬的被毛比公犬略短，更柔软。

针对萨摩犬的被毛特点，一定要根据犬的大小选择合适的梳子将被毛全部梳通。如果有排梳不能梳开的结，用手把结仔细整理开。在梳理时，左手按住被毛，右手持梳子轻梳被毛。梳的方向不是从左往右，而是往右上方用力，并且有往上挑的动作，就像人想把头发吹蓬松时的梳发动作。柄梳的针尖最好触及皮肤，这样既能梳得透，又起到按摩皮肤的作用。萨摩犬的被毛有时候会卷曲，尤其是臀部，如果卷曲严重就必须用刮刀把它刮直，但是用刮刀必须特别慎重，因为它会刮掉很多毛发。修剪时，主要是修剪眼睛、耳朵、嘴唇、肛门和生殖器周围及脚底的纤细毛发，身体其他部位的被毛不可过多修剪，只修过长的飞毛即可。使用剪刀要特别小心，不要将萨摩犬的胡须剪掉，修剪时可以搭配梳子使用。

八、贝林顿㹴犬的修剪

贝林顿㹴犬的被毛卷曲密集，软毛与硬毛夹杂，毛发非常容易打结，尤其是头面部。被毛颜色较多，但以棕灰色和蓝灰色为主。

对贝林顿㹴犬进行修剪造型时，先将犬的被毛梳理通顺，将卷曲的毛拉直。用 30# 刀头顺毛剃或用 15# 刀头逆毛剃尾巴的下面 2/3 部分。贴近尾根的 1/3 部分要剃一面留三面，即尾巴的内侧要剃掉，留下其他三面的被毛；同时要将肛门周围剃干净；修剪耳朵时，要用 30# 刀头顺毛剃或用 15# 刀头逆毛剃内外两面，但要注意耳尖的被毛要保留以便于造型；由前耳根至外眼角，再由外眼角至嘴角以下，包括下颌部位的毛要全部用 30# 刀头顺毛剃或用 15# 刀头逆毛剃除；嘴唇附近多余的毛也要修剪干净，喉结到胸骨处剃成"V"字形。修剪头部时，由鼻尖到头顶要形成圆滑的曲线，适当修剪眼睛周围的毛发，使眼睛有凹陷感，要从头的正面看不到眼睛，但从侧面则清晰可见。修剪前胸时，用直剪修剪电剪修剪的边缘，留毛较短，胸部不要隆起。胸部与前肢和肘外侧自然过渡。在修剪腹部时，胸部深凹，腰腹连接处要形成圆拱状。前肢修剪为圆柱，后肢飞节以下修剪圆柱。用直剪将耳朵尖端的毛发修剪成扇形，尾巴的浑圆和耳边缘修剪整齐。用牙剪将身体各部分修剪的边缘进行打薄过渡，使各部位连接更流畅自然。

九、阿富汗猎犬的修剪

阿富汗猎犬的后躯、腰窝、肋部、前躯和腿部都覆盖着浓密、丝状的毛发，质地细腻；耳朵、四个足爪都有羽状饰毛；从前面的肩部开始，向后延伸为马鞍形区域（包括腰窝和肋骨以上部位）的毛发略短且紧密，构成了成熟犬的平滑后背，这是阿富汗猎犬的传统特征。在头顶上有长而丝状的毛发，有些犬腕部的毛较短。

对阿富汗猎犬进行修剪，首先要用剪刀或电剪修剪脚底毛发，接下来梳理背部和四肢的毛发，尤其应保证脸部毛发顺滑，用梳子将脱落的毛发梳掉，再用牙剪进行打薄修剪。如果有必要，可将犬的足部修剪成圆形。由于阿富汗猎犬的被毛特点，使修剪后极易留下修剪痕迹，因此，在修剪被毛时，要沿着毛发生长方向向下逐步修剪，逐步勾勒出外形轮廓，通常用直剪将毛剪短之后，应再用牙剪修剪一遍，处理掉修剪的痕迹，让毛发看起来更自然。

项目四　宠物犬的特殊美容

模块一　宠物染色技术

一、染色用品及色彩搭配

（一）染色用品简介

1. 染色膏

宠物用的染色膏一般有几种不同的颜色，刺激性很小。其高质量的染色性能和显色性能让宠物犬的毛发显现出丰富的色彩。不同颜色的染色膏相互混合还可调配出其他颜色，使用后使宠物的被毛显得更加光亮，且不容易起球。如贝特爱思比比多彩色染色剂，就包含了 7 种鲜艳的基色和 4 种无色媒介调和膏，通过改变 7 种鲜艳的基色和 4 种无色媒介调和膏的配比，可任意地控制色调和颜色的亮度，显现出丰富的色彩，用染色膏给宠物的毛发染上新的颜色后，宠物会更加惹人喜爱。

2. 媒介调和膏

媒介调和膏与染色膏混合，可以改变染色膏的透明度和亮度，使宠物毛发染色的色彩更加多样化。例如媒介灰色膏、媒介灰黑色膏、媒介黑色膏三种媒介调和膏就是通过与其他彩色染色膏的混合来改变染色膏的色彩明暗度，使色彩发生变化。

3. 染色颜色对比卡

有些染色膏会配有颜色对比卡，通过对各种不同基色和无色媒介调和膏配比，调出丰富的色彩，还可以任意控制颜色的亮度和色调，方便美容师观察各种不同颜色的染色膏在混合后呈现的颜色，并可将可能出现的色差情况预先告知宠物主人，避免因染色后出现的色差而引起纠纷。

4. 宠物染色造型图

宠物染色造型图是将宠物染色造型后的一些图片展示出来，为顾客提供一些宠物染色后的效果图，方便顾客根据宠物染色造型图进行选择或根据宠物染色造型图来描述自己的要求和想法。

5. 去除液

在染色过程中，由于不小心或误操作会出现将染色膏染到不需要染色区域的情况，从而影响到染色的效果，这时可以使用去除液将误染色区域的染色膏清除，以尽可能保证染色的效果。

6. 防护膏

在染色前将染色区域和不染色区域的边界用防护膏进行涂抹，可以防止在染色过程中防护膏染到不需要染色的区域。如果在染色过程中不小心将染色膏染到未染色区域中，有防护膏的保护，未染色的区域也不容易着色，在染色后进行清洗时染色膏也极易洗掉，这样可以有效保护被毛。

7. 染色刷

专业的染色刷既能在染色过程中刷拭上色，其梳齿的一面也可以在宠物染色的过程中不断地梳理被毛，以保证染色区域的每一根被毛都着色，并且使染色均匀。另外，染色刷手柄部位圆钝的一端可以用来分界，将宠物要进行染色的区域和不染色的区域分开，以保证染色时不互相污染。

8. 染色碗

染色碗是在染色的过程中用来盛装和混合染色膏的工具，为了节约染色膏，最好每种染色膏固定一个染色碗。

9. 其他用品

① 锡纸。在染色过程中，涂抹完染色膏后，将染色部位用锡纸进行包裹，可以减少被毛营养和水分等的丢失。在用吹风机吹风时，用锡纸包裹可以更快地使染色膏附着在被毛上，并确保被毛不会被烤焦。

② 保鲜膜或塑料袋。如果没有锡纸，还可将染色后的部位用保鲜膜或塑料袋包裹，尤其是四肢等用锡纸包裹不方便的部位。同时，利用保鲜膜或塑料袋将染色区域和未染色区域分隔开，可防止染色区域和未染色区域的被毛间相互污染。

③ 一次性塑料手套。因为宠物染色膏的着色能力强，不容易脱落，如果粘在手上就不容易洗掉，因此，为了防止手上粘上染色膏，在操作过程中要戴上手套，为了安全和卫生，一般使用一次性塑料手套。

④ 宠物专用皮筋或发夹。在为宠物染色时，将染色部位包裹完毕后，为了防止锡纸、保鲜膜或塑料袋脱落，要用宠物专用皮筋或发夹扎好固定，注意要扎得松紧适当，不要扎得太紧或太松。

（二）色彩搭配常识

色彩搭配分为两大类，一类是对比色搭配，另一类是协调色搭配。其中对比色搭配分为强烈色配合和补色配合，协调色搭配又可分为同色系搭配和近似色搭配。

1. 强烈色配合

强烈色配合是指两个相隔较远的颜色配合，如黄色与紫色、红色与青绿色，这种配色比较强烈。在日常生活中，常看到的是黑、白、灰与其他颜色的搭配。黑、白、灰为无色系，所以，无论它们与哪种颜色搭配，都不会出现大的问题。一般来说，同一种色如果与白色搭配时，会显得明亮；与黑色搭配时，就显得昏暗。因此，在进行色彩搭配时应先衡量一下需要突出哪个部分，不要把沉着色彩搭配在一起，例如深褐色、深紫色与黑色搭配，它们会和黑色呈现"抢色"的后果，而且整体表现也会显得很沉重、昏暗无色。黑色与黄色是最抢眼的搭配，红色与黑色的搭配显得非常隆重。

2.　补色搭配

补色搭配是指两个颜色的配合，如红与绿、青与橙、黑与白等。补色相配能形成鲜明的对比，有时会收到较好的效果，黑白搭配是永远的经典。

3.　同色系搭配

同色系搭配是指深浅、明暗不同的两种色系颜色相配，例如青色配天蓝、墨绿配浅绿、咖啡配米色、深红配浅红等。其中，粉红色系的搭配让宠物看上去很可爱。

4.　近似色搭配

近似色搭配是指两个比较接近的颜色相配，如红色与橙色、紫红，黄色与草绿色、橙黄色。绿色和嫩黄的搭配给人一种春天的感觉，整体显得非常素雅。纯度低的颜色更容易与其他颜色相互协调，增加和谐亲切之感。

（三）色彩搭配的配色原则

1.　色调配色

色调配色是指具有某种性质（冷暖调、明度、艳度）的色彩搭配在一起，色相越全越好，最少也要三种色相以上，例如同等明度的红、黄、蓝搭配在一起。大自然的彩虹就是很好的色调配色。

2.　近似配色

近似配色是指选择相邻或相近的色相进行搭配。这种配色因为含有三原色中的某一共同颜色，所以很协调，因为色相接近，所以也比较稳定。如果是单一色相的浓淡搭配则称为同色系配色。出彩搭配如紫配绿、紫配橙、绿配橙。

3.　渐进配色

渐进配色是指按色相、明度、艳度三要素之一的程度高低依次排列颜色。特点是，即使色调沉稳，也很醒目，属于色相和明度的渐进配色。彩虹既是色调配色，也属于渐进配色。

4.　对比配色

对比配色是指用色相、明度或艳度的反差进行搭配，有鲜明的强弱对比。其中，明度的对比给人以明快清晰的印象。可以说，只要有明度上的对比，配色就不会太失败，如红配绿、黄配紫、蓝配青。

5.　单重点配色

单重点配色是指让两种颜色形成面积的大反差。"万绿丛中一点红"就是一种单重点配色。其实，单重点配色也是一种对比，相当于一种颜色作底色，另一种颜色作图形。

6. 分隔式配色

如果两种颜色比较接近，看上去互不分明，可以靠对比色在这两种颜色之间增加强度，这样整体效果就会很协调。最简单的加入色是无色系的颜色以及米色等中性色。

7. 夜配色

严格来说，夜配色不算是真正的配色技巧，但这个方法很实用。高明度或鲜亮的冷色与低明度的暖色配合在一起，称为夜配色或影配色。它的特点是神秘、遥远，充满异国情调、民族风情，如翡翠松石绿配黑棕。

（四）色彩搭配的规律

色彩搭配既是一项技术性工作，也是一项艺术性很强的工作，因此，设计者在设计时除了要考虑宠物本身的特点外，还要遵循一定的规律。

1. 特色鲜明

宠物染色的用色必须要有自己独特的风格，这样才能显得个性鲜明，给浏览者留下深刻的印象。

2. 搭配合理

颜色搭配要在遵从艺术规律的同时，考虑宠物主人的个性特点，色彩搭配一定要合理，给人以一种和谐、愉快的感觉，避免采用纯度很高的单一色彩，这样容易造成视觉疲劳。

3. 讲究艺术性

宠物形象设计也是一项艺术活动，因此它必须遵循艺术规律，在考虑到宠物本身特点的同时大胆进行艺术创新，设计出既符合宠物主人的要求又有一定艺术特色的宠物形象。

（五）配色注意事项

1. 使用单色

尽管在设计上要避免采用单一色彩，以免产生单调的感觉，但通过调整色彩的明暗变化也可以使颜色产生变化，使整体色彩避免单调。

2. 使用邻近色

所谓邻近色，就是在色带上相邻近的颜色，例如绿色和蓝色、红色和黄色就互为邻近色。采用邻近色设计可以避免色彩杂乱，易于达到整体的和谐统一。

3. 使用对比色

对比色可以突出重点，产生强烈的视觉效果。通过合理使用对比色能够使宠物特色鲜明。在设计时一般以一种颜色为主色调，对比色作为点缀，可以起到画龙点睛的作用。

4. 黑色的使用

黑色是一种特殊的颜色，如果使用恰当、设计合理，往往会产生很强烈的艺术效果。黑色一般用来作为背景色，与其他纯度搭配使用。

5．色彩的数量

一般初学者在设计宠物的染色形象时往往使用多种颜色，使宠物变得很"花"，即缺乏统一和协调，又缺乏内在的美感。事实上，宠物染色时的用色并不是越多越好，一般控制在三种色彩以内，通过调整色彩的各种属性来达到较好的效果。

二、染色的方法

（一）准备工作

用品：准备宠物用染色膏、染色刷、染色碗、塑料手套、排梳、宠物用皮筋、分界梳、塑料袋或保鲜膜、锡纸、发夹等染色用品和工具。

宠物：已做好清洁美容的宠物犬。

（二）操作方法

1．设计造型

根据宠物的品种和宠物的自身特点为宠物进行造型设计。如果要在身体上进行局部染色，应先修剪出造型的图案。

2．分区

将需要染色的被毛与不需要染色的被毛分开（见图4-1-1），分界处的毛根部用分界梳分好，利用塑料袋或保鲜膜进行分隔，以防止在染色过程中将染色膏染到不需要染色的被毛上，影响整体效果。还可以在染色区域周围涂抹上专业的防护膏，如果没有防护膏可以用护毛素代替，以减少染色区域周围的被毛污染。

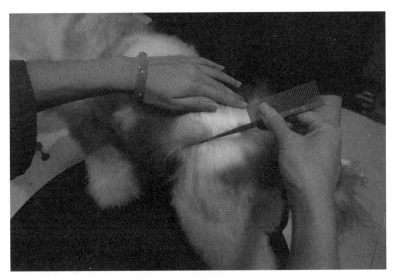

图4-1-1　被毛分区

3．调色

将适量的染色膏挤到染色碗中，如需调色，则按调色卡上的说明将几种所需的不同颜色的基色染色膏或媒介调和膏挤在染色碗中搅拌均匀，调出所需要的颜色。

4. 染色

用染色刷蘸取适量染色膏涂抹在需要染色的毛发上（如要染单一的基色，也可将染色膏直接挤在需要染色的毛发上），用染色刷将染色膏均匀刷开，如图4-1-2、图4-1-3所示。为了得到好的染色效果，染色时要不时地用排梳梳理，也可用分界梳将染色好的一小层被毛与未染色的被毛分开，一层一层进行染色。用刷子染好后，用手指将染色的部位进行揉搓，直到确认被毛已经染透，要保证每根被毛上都染色均匀。

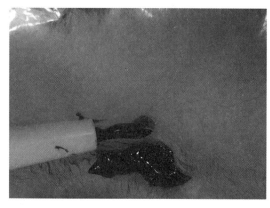

图 4-1-2　上色

图 4-1-3　染色

5. 包裹固定

将刷完颜色的部分用梳子梳理好以后，再用锡纸或塑料袋将染色的部位包裹，如图4-1-4所示。使用宠物专用皮筋或发夹将包裹好的部位扎好（注意皮筋不能扎得过紧，以保证血液流通顺畅），固定30 min。为加快染色速度，可用吹风机加热10～15 min，在加热时不要让风筒离被毛太近，以防止损伤被毛。

图 4-1-4　包裹固定

6．其他部位染色

用同样的方法将身体其他部位要染色的被毛分离、刷毛、包裹固定，经过 30 min 后，打开冲洗吹干。

7．冲洗梳理

打开保鲜膜或锡纸，将染色部位用清水冲洗干净或清洗全身。将被毛彻底吹干，梳理通顺。

8．修整造型

按照设计好的造型，进一步将各部分精心修剪"雕刻"，使设计造型更有立体感。（见图 4-1-5、图 4-1-6）

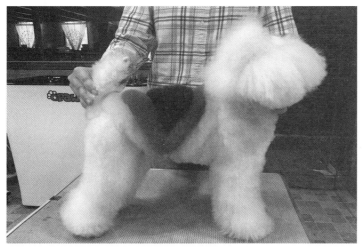

宠物染色步骤完整图示

图 4-1-5　染色后

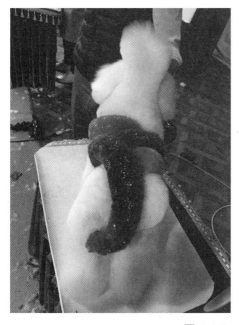
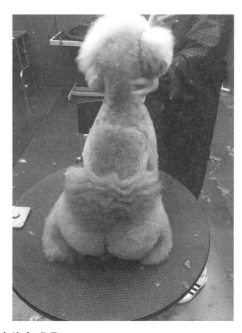

图 4-1-6　创意染色成品

三、染色注意事项

① 染色的宠物最好是白色的。

② 在染色前一定要确保宠物的被毛完全梳通顺。

③ 染色膏染出的颜色效果由宠物被毛的底色和毛质决定,实际染出的颜色不一定和色板颜色一样或接近,因此,一定要事先告知宠物主人,以防出现纠纷。

④ 如果要给宠物进行全身染色,一般按背部、四肢、尾巴、头部的顺序进行,以防先染头部后,宠物不老实,耳朵乱动,将染料染到身体其他部位。

⑤ 在染全身时,为了避免出现色差,最好将所需染色膏的数量一次性准备好,或将耳朵和尾巴染成不同的颜色。

⑥ 有皮肤病或外伤的宠物不能进行染色。

⑦ 在染色过程中尽量不要把色彩染在宠物皮肤上。

⑧ 如果染料不慎掉在其他部位的被毛上,不要直接用手擦,可以涂一些去除液。

⑨ 因塑料袋太软不容易固定,因此,用刷子染完色后,一般用塑料袋包裹四肢,用锡纸包裹背部。用锡纸包裹的部位最好用发夹固定。

⑩ 扎皮筋时一定要扎在毛根处,不能扎在裸露的皮肤上,并且不能扎得过紧,以免血液不流通造成坏死。

⑪ 染何种颜色,除了宠物主人的要求外,还取决于季节、性别等因素。

⑫ 为了节约染色膏,可将染色膏直接挤在被毛上,而且每个颜色固定用一把梳子。

⑬ 宠物在染色后,不能用白毛专用洗毛液洗澡,以防颜色变淡。

⑭ 大部分宠物在染色后情绪都不会有很大的变化,但个别宠物会因为自己变得和以前不一样而不开心,显得有点郁闷,不像平时那么活泼了。在这种情况下,一方面要表扬它漂亮,让它有自信;另一方面要观察它的食欲,测体温,检查是否因为外出洗澡、美容而引起了身体不适。

模块二　宠物包毛技术

一、包毛的目的

① 保养被毛,使被毛顺滑光亮,从而使宠物犬更加漂亮。

② 防止前额的饰毛进入眼睛。

③ 保持口腔和肛门周围的清洁。

二、包毛用品

1. 包毛纸

包毛纸主要用于保护毛发和造型结扎的支撑,包括长毛犬发髻的结扎以及全身被毛保护性的结扎,使毛发与橡皮圈有一个阻隔缓冲。市场上的包毛纸主要有美式和日式的两种。美式包毛纸成分为混合塑胶，有利于防水，但透气性较差；日式包毛纸则颜色多样，美观，但不防水。好的包毛纸应透气性好、伸展性好、耐拉、耐扯、不易破裂、长宽适宜。

2. 橡皮圈

橡皮圈主要用于包毛纸、蝴蝶结、发髻、被毛的结扎固定以及美容造型的分股、成束。一般最常使用的是7#和8#，超小号的使用得很少，大都是专业美容师在犬展比赛中使用。按材质橡皮圈可分为乳胶和橡胶两种。乳胶橡皮圈不粘毛、不伤包毛纸，但弹性稍差；橡胶橡皮圈弹性好、价格低廉，但会粘毛。

3. 蝴蝶结

蝴蝶结主要用于装饰宠物头部的发髻，也可以用来装饰短毛犬的两耳根部，使宠物犬看上去可爱、漂亮，效果更好。

三、准备工作

宠物：长毛犬每组1只，约克夏獚、马尔济斯犬、西施犬均可。
工具：排梳、鬃毛梳、针梳、包毛纸、护毛剂、皮筋、剪刀。
洗澡：给犬梳理被毛，用沐浴液、护毛素或护毛精油等护毛产品洗澡。

四、操作方法

① 与犬适当沟通和安抚后，将犬抱上美容台，并让犬枕在小枕上，方便包毛工作的进行。
② 梳整全身毛发，根据毛量和毛长确定包毛数量。（见图4-2-1）
③ 从额头开始包，用排梳或分界梳挑起适量毛发梳顺，喷上以1:50稀释的高蛋白润丝液或羊毛脂，如需参加比赛则要在比赛前10天改用植物性润丝乳液（1:20稀释），以减少毛发油脂。注意要喷洒均匀，然后用鬃毛刷刷平。（见图4-2-2）

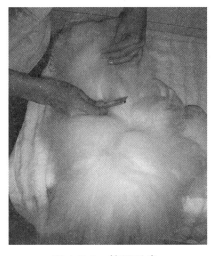

图4-2-1　梳通毛发

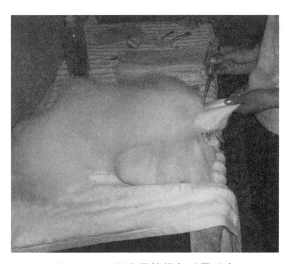

图4-2-2　用分界梳挑起适量毛发

④ 根据宠物毛发的长度裁好包毛纸，然后把两个长边各折起 3 cm 左右的宽度，底边按 2 cm 的宽度折 3 折，使包毛纸近似直筒型。准备好足够数量的包毛纸，放在一边待用。

⑤ 将毛发夹在包毛纸的对折线中间并用食指紧紧捏住，以防毛发松动。然后将包毛纸纵向对折直至适当宽度后，把已成条状的包毛纸向后折至适当长度，最后一折向反向折，然后套上皮筋绑起来，脸上的毛不要包得太紧，否则会让宠物犬很不舒服。（见图 4-2-3、图 4-2-4）

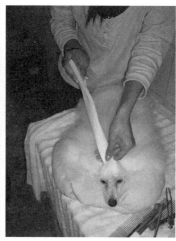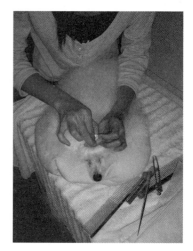

图 4-2-3　折叠包毛　　　　　　　　　图 4-2-4　用橡皮筋固定

⑥ 包毛后，将扎好的毛整理得工整一些，左右轻拉一下，避免里面的毛打结。

⑦ 用同样的方法将犬背部和颈部左右两侧的毛分成相同的份数（一边分 3 ~ 5 份），从后向前分别包好，两侧毛包要对称且大小相近，不会妨碍犬的活动（见图 4-2-5）。

图 4-2-5　背部和颈部包毛

⑧ 肛门下面的毛平分,用分界梳梳出一边的毛用相同的步骤包毛,臀部左右的毛包好后,应确认不会妨碍宠物的活动。

⑨ 后肢上方的毛梳直后按相同的步骤包起来。

⑩ 整个身体要按毛量均匀分区,毛包好后既要美观又不影响运动。分区的方法如图4-2-6、图4-2-7所示。

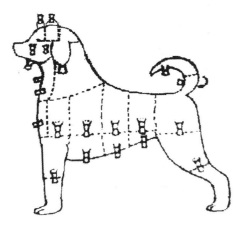

图4-2-6 毛量多的分区方法

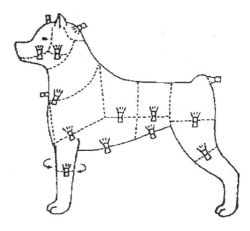

图4-2-7 毛量少的分区方法

⑪ 宠物犬毛发包好后需要每隔2~3天拆开,用鬃毛刷刷过后,再一层层的喷上稀释的乳液,并重新包起来。(见图4-2-8)

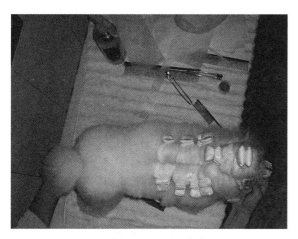

图4-2-8 包毛后

宠物包毛步骤完整图示

五、几种犬头部包毛的方法

(一)马尔济斯犬

扎两个发髻(左右各一),以鼻头为中心将两后眼角至头盖骨的毛发平均分为两份包上包毛纸,然后扎上蝴蝶结,如图4-2-9所示。

图 4-2-9 马尔济斯犬包毛

（二）西施犬、约克夏犬

扎一个发髻，由眼角到头盖骨，前后各扎一个，再使之互相依附扎成一个，突显出头冠的完美。要用两根皮筋分别扎，一根扎在毛发根部，另一根扎在其上部，中间扎一个蝴蝶结。

（三）贵宾犬的欧洲大陆装

扎 3 ~ 8 个发髻，从左内眼角到右内眼角扎第 1 个发髻，从外眼角到耳际扎 1 ~ 2 个发髻，再在头盖骨处扎 1 个发髻，沿颈部到背部再扎 1 ~ 2 个发髻，最后将前 3 个发髻互相依附扎在一起。

六、包毛注意事项

① 在宠物犬包毛的过程中，稳住它的情绪是最重要的，犬一有配合的表现就要及时地给予奖励，以保证包毛得以顺利进行。

② 头上的毛包完成后应是直立的。

③ 躯体的毛应顺着毛发生长的方向来包，毛包完后自然下垂，左右对称，分别呈线条状。分层包毛时，层与层之间应是在一个纵排上，排列整齐。

④ 包毛的基本原则是左右对称、大小一致、包裹扎牢，注意选取适当的位置和包裹适当数量的犬毛，同时不能伤到犬的皮肤和被毛。

⑤ 包毛时手不能太松，以免脱落；也不要包得太紧，以防拉扯皮肤。

⑥ 包毛时最好直接用包毛纸把毛包起来，再扎皮筋，最后再用皮筋固定。不要先扎皮筋再用包毛纸，这样容易把毛弄断或使毛纠结在一起，而失去包毛的意义。

⑦ 包毛纸要将整缕毛全部包住，不能露出毛尖。而且要将毛发统一压在包毛纸的对折线处包裹，不能让包毛纸的每一层都夹有毛发。

⑧ 腿毛由内向外侧包，一般包两个；小腿骨、飞节以下不包。

⑨ 有些长毛犬如西施犬、约克夏犬、马尔济斯犬等，为了不让嘴边的毛影响进食，也为了不弄脏毛发，最好对这些部位进行包毛。注意不要将下巴上的毛同时包进去，否则就会张不开嘴。

模块三　宠物犬的立耳术

所谓立耳术，就是将宠物犬的耳朵（包括耳廓）剪掉一部分（多为 1/3），使天生垂耳犬的耳朵能够向上生长并竖立起来的手术。

立耳术究竟是什么时间开始流行起来的，已经无法考证了。人类最初给犬实施立耳术是为了能显示犬的特殊气质或为了方便护理。如杜宾犬，因为杜宾犬要求具有高贵的气质、警惕的神情、神气的外表。因此杜宾一般都需要做立耳，以显示这些特征。而像雪纳瑞犬等一些㹴犬类，它们的耳道结构比较复杂，里面长满了硬硬的杂毛，又不会自行脱落，经常刺激它们的耳道表皮，特别容易滋生细菌，引发耳部疾病，所以这类犬只也需要进行立耳手术。此外，在犬展比赛中，规定有一些犬只必须做立耳术才能参加比赛，以显示该犬的独特魅力。然而对于大多数家庭来说，作为伴侣犬，立耳术是完全没有必要的。

一、宠物犬做立耳术的标准

常见需要做立耳术的犬种及其立耳适合年龄与标准详见表 4-3-1。

表 4-3-1　宠物犬做立耳术的年龄和留耳长度

犬　种	年　龄	留耳长度
拳师犬	9～10 周龄或体重达 6 kg	留 2/3 长
大丹犬	9 周龄或 8～10 kg	留 3/4 长
雪纳瑞犬	10～12 周龄或体重 3 kg	留 2/3 长
杜宾犬	8～10 周龄或体重 6 kg	留 2/3 长
杜伯曼短毛猎犬	8～9 周龄或体重达到 6 kg	留 3/4 长

二、操作方法

（一）准备工作

动物：2 月龄杜宾犬。

器材：医用酒精、络合碘、橡皮膏、圆柱形泡沫、缝线、常规手术器械（手术剪、手术刀、止血钳等）、断耳夹子（或肠钳）。

（二）术前准备

① 术前禁食 12 h，以防因麻醉引起呕吐的食物卡住气管造成窒息。

② 打止血针，防止在手术中流血过多。

③ 保定与麻醉，实施全身麻醉结合局部浸润麻醉，最好采用吸入麻醉。

④ 备皮后对手术部位进行全面认真的清理和消毒。

（三）确定术部

在耳道内塞入棉花球，将下垂的耳尖向头顶方向拉紧伸展，确定要留的长度，用记号笔画好标记线。再将对侧耳朵拉起，两个耳尖对合，用剪刀在与另一只耳朵标记线对应的位置剪一个小口，再用记号笔画出标记线。最后用断耳夹子（或肠钳）固定在标记线内侧。

（四）切除、缝合

① 用手术剪沿标记线将要切除的部分剪下，用止血钳钳住断端的血管进行钳压止血。

② 用剪刀将耳内侧上 1/3 的皮肤和软骨进行分离。

③ 用可吸收线将上 1/3 部分的内外侧皮肤以连续锁边缝合的方式缝合在一起，不缝合软骨；下 2/3 部分则以连续缝合的方式将软骨和内外侧皮肤缝合在一起，缝合时将内侧皮肤和外侧皮肤闭合严密。用同样的方法处理对侧耳朵。

（五）固定

缝合完毕后，需要将耳朵固定呈直立状，以保证耳朵竖立。通常有两种方法：第一种，选择专用的耳支架，用扣状缝合的方法将两只耳朵缝合固定在一起，7～10 天拆除；第二种，用一段约 5 cm 长的圆柱形泡沫，外面缠上胶布，将其插入耳道内，然后用胶布将圆柱形泡沫固定在耳朵上，耳尖部用胶布反贴固定，两边耳朵用胶布连接固定，使得两耳在头部上方，7～10 天后拆开即可。（见图 4-3-1）

图 4-3-1　两耳连接固定

（六）术后护理

术后犬只应由专人看护，以防止犬自伤或被其他犬只咬伤；同时每天至少用碘酊擦拭伤口两次，并根据情况配合使用消炎药。如果解除固定后，耳朵仍不能直立，可用绷带在耳朵基部包扎，直至直立。

（七）立耳术注意事项

① 拆线后不能马上给犬洗澡，最少要 3 ~ 5 天后再进行水浴。如果必须洗澡，可以用宠物专用干洗粉进行干洗；如果水洗，洗后一定要立即吹干，不要让其伤口裂开。

② 在伤口愈合期间，切记要防止犬只抓挠自己的伤口部位，以免导致溃烂。可以为它带上"伊丽莎白项圈"。

③ 耳部有耳螨等寄生虫感染或患有软骨病的犬，最好不要进行立耳术。

④ 加强护理，防止术后感染。

模块四 宠物犬的断尾术

长期以来，给犬断尾多数是为了工作的需要，如对罗威纳犬等一些工作犬实行断尾术是为了确保其执行任务时的隐蔽性，避免其穿行于丛林中时尾巴受伤感染或使其战斗失败没有夹尾巴的动作，让对方无法判断是否需要继续战斗，以培养犬的战斗能力等。慢慢地，人们逐渐习惯了犬只断尾的形象。而如今，已经有很多犬只告别了原始的工作，现今对它们进行断尾只不过是为了修整外形。此外，还有一些犬只断尾是为了参加犬展，满足犬展中对不同品种犬的外形要求。虽然对一些犬种实施断尾手术已经成为传统的标准，但是现在人们已经意识到断尾是非常不人道的做法，所以很多家庭宠物犬不再施以断尾术。2006 年欧盟全面禁止给犬断尾、立耳，2007 年中国台湾地区对参赛犬也不再要求必须断尾。

目前给犬断尾的方法主要有止血钳断尾法、橡皮筋断尾法、外科手术截断法三种。其中止血钳断尾法和外科手术截断法都是通过器械直接按照断尾要求在恰当位置断尾，而橡皮筋断尾法则是用橡皮筋缠绕在尾根需断尾处以阻断血液循环，几周之后需要被截断的组织就会坏死、自然脱落。断尾术一般是在犬只出生不久后进行，因为刚出生的幼犬神经发育得不完全，在这个过程中不会忍受太大的痛苦，而且出血量也较少。

一、准备工作

动物：雪纳瑞犬或罗威纳犬一只。

工具：医用酒精、碘酊、电剪、橡皮筋、骨刀、一般外科手术器械、可吸收缝合线、剪刀。

二、操作方法

（一）止血钳断尾法

1. 工具

止血钳、手术剪、酒精或碘酊。

2. 步骤

① 确定断尾的位置（一般在尾根第 2 节处），用止血钳夹紧（见图 4-4-1），然后在犬尾

根处用酒精或碘酊擦拭消毒后，用锋利的已消毒的手术剪在止血钳所夹部位的上方迅速剪掉多余的尾巴。

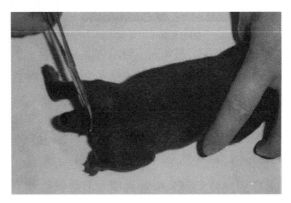

图 4-4-1　用止血钳断尾法

② 用止血粉涂抹于伤口处，直至伤口几乎没有血液流出，再松开止血钳。

③ 术后应在断尾区涂抹碘酊消毒，必要的时候配合使用消炎药预防感染，一般 7~10 天可痊愈。

3. 注意事项

避免母犬去舔仔犬伤口处，从而导致感染。

（二）橡皮筋断尾法

1. 工具

比较有弹性的橡皮筋。

2. 步骤

① 确定断尾位置，用酒精或碘酊擦拭消毒，再用橡皮筋紧紧将断尾处捆绑起来（见图 4-4-2），使得血液无法流通而造成肌肉坏死。

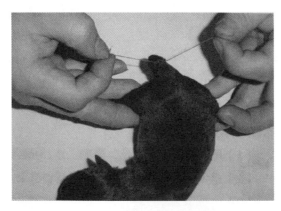

图 4-4-2　橡皮筋缠绕断尾法

② 每天定时消毒，防止感染，约一周左右尾巴干枯断掉，之后给伤口消毒直至全痊。

（三）外科手术器械断尾法

给年龄稍大的犬只断尾时，也应在 1～2 月龄内进行，通常采用外科手术截断法。

1．工具

一般外科手术器械。

2．步骤

① 将犬进行全身麻醉或硬膜外麻醉，然后采取俯卧保定或仰卧保定，并对会阴部及断尾部严格消毒。

② 于第 2 节尾椎（最多不超过第 3 椎）的位置断尾，尾根部扎系止血带。

③ 通过触摸，在其第 2 尾椎间隙，背、腹侧切开皮肤，将皮肤剪成"V"字形皮瓣，并将皮瓣反折到预切除尾椎间隙的前方，结扎截断处的第 2 尾椎侧方和腹侧的血管，然后用骨剪或手术刀在其间隙处剪断肌肉和尾椎。

④ 暂时松开橡皮筋，观察是否有出血现象。

⑤ 彻底止血后，修剪皮瓣，将其对合，使之紧贴尾椎短端。先用可吸收性缝线在皮下缝合数针，闭合死腔，然后用丝线结节缝合皮肤创缘。

⑥ 消毒后，解除止血带并包扎尾根，再用碘酊消毒即可。

3．注意事项

术后连续用抗生素 4～5 天，保持尾部清洁，以防感染，10 天后即可拆除皮瓣缝线。

（四）实施断尾术注意事项

① 实施断尾术人员必须了解各类犬只断尾的具体方法和要求。

② 做好消毒工作，防止感染。

③ 选择外科手术截断法断尾时，必须做好止血工作，防止大出血。

④ 认真做好护理工作。

⑤ 剪尾的长短须视品种而异，标准以竖起为佳，切忌软垂或过长。

⑥ 断尾术除了用于犬只美容，还可以用于尾部的肿瘤、溃疡的切除。

三、断尾的标准

常见需要断尾的犬种的断尾标准见表 4-4-1。

表 4-4-1　常见犬种的断尾标准

犬名	保留尾椎长度	犬名	保留尾椎长度
拳师犬	2～3 节尾椎	匈牙利猎犬	留 1/2 长
杜宾犬	2～3 节尾椎	贵妇犬	留 1/2～2/3 长
罗威纳犬	1～2 节尾椎	弗兰德犬	留 1/2～3/5 长
可卡犬	母犬留 2/5，公犬留 1/2	库瓦兹犬	留 1/2～3/5 长

项目五 不同特征的犬、猫护理

目前分布在世界各地的犬、猫，无论属于哪一品种，都是数千年来由人类驯化繁育而来，与其祖先相比，在体重和体长方面几乎没有什么变化。现今世界上的犬、猫品种有百余种，远没有其他畜禽类的品种多。近半个世纪以来，由于遗传科学技术的发展，在改变动物品种特性方面取得了一些进展，例如，人们在改变犬、猫被毛的质地、花色以及改变体型大小等方面已经有了一定经验。

长毛品种的犬、猫如约克夏㹴犬、波斯猫等，由于全身长毛呈丝状，特别是其头面部、尾巴与腹部，如不梳掉脱落的毛，会造成毛发缠结，尤其是猫又习惯于舔毛，使唾液与毛发纠结在一起，形成毛结，非常影响猫的美观。因此，应经常梳理宠物的长被毛，适当运用爽身粉等预防毛缠结的用品。短毛品种的宠物在护理方面比较简单，只要保持被毛、皮肤和耳道的清洁以及体态的优美即可。另外，为防止长毛犬、猫夏天中暑，可尽量减少外出的时间，供给充足的饮水，也有利于防止被毛受到损伤。

此外，育种专家还对长毛猫的被毛进行了改良，使其不仅光滑、柔软，而且还闪闪发光，像披上了一层绸缎外衣，产生梦幻般的效果。除了改变毛的质地外，还更注重毛色的搭配，使猫的不同部位呈现不同颜色，比如：从头面、背部、四肢外侧到尾部呈现一种颜色，而从下颌、胸、腹部至四肢内侧呈现另一种颜色，两种颜色交相辉映，如同穿上华丽的外衣。这种毛色改良已在兔子身上初步尝试成功，相信不远的将来会有更加漂亮的猫品种问世，为人们的生活增添色彩。

一、幼龄犬、猫的护理

（一）幼猫的护理

猫的哺乳期为 35～40 天，幼猫断奶后，需要人为对其照顾，因为这时的小猫容易调教；年龄稍大的猫对周围环境已经适应，有了较固定的生活方式，因而较难调教。另外，养猫最好是在秋天抱养，因为秋天气候干爽、温暖，待到寒冷的冬天来临时，猫已长大，抵抗力增强，不易患病。冬天和夏天都不适宜抱养小猫，冬天小猫易得感冒或肺部疾病，夏季炎热，雨水多而潮湿都不太利于幼猫的生长。对幼猫的护理要做到以下几点：

1. 准备合适的饲养环境

检查一下养猫的生活必需品是否备齐，小猫带回家后，在取出之前，应先将门窗关好，以防其逃走。一般来说，小猫需要 3～5 天的时间来适应新环境，过了这段时间就能安下心来，不再逃走了。另外不要大声喧闹，以免小猫受到惊吓；同时在猫窝里要垫一些小猫曾用过的布片、垫纸等，小猫可以从布片、垫纸上嗅到母亲或同胞兄妹的气味，从而得到安慰。把小猫安顿好以后，其他人不要去逗引和干扰它，让小猫安静地休息，几天以后，小猫就能适应新环境。

2. 增进人与猫的感情

一般情况下，小猫适应后的第一个象征就是不再呜呜叫，并开始梳理被毛，这时要多与小猫接触，以迅速建立起感情。平时要经常温柔地抚摸它的被毛，用温和的语气同它交谈，闲暇之余，抱着小猫去晒太阳，到公园或花园里散步，同它嬉戏，让它感到与你在一起很安全，并把你当成它的伙伴，这样小猫就会对你产生一种依赖感，你就成为它生命中的一部分，从而舍不得离开你。

3. 精心地喂养

有时小猫由于孤独、紧张而不停地呜呜叫，并拒绝进食，这时可先给它饮水，然后喂一点从原主人家拿来的食物。如果它还是不吃，也不要强迫它吃，一般一天以后，小猫对周围环境有了初步了解，缓解了紧张感后，就会进食了。喂的食物要质高、量少，每天多喂几次。

4. 防寒保暖

小猫窝应安置在防风、保暖的地方，必要时可放入热水袋或多加一些棉絮、布片之类的东西，因为此时小猫体内许多生理机能还不健全，在分窝之前，主要靠母猫和小猫群体保暖，在新的环境中，只有依靠小猫自己，小猫会感到寒冷，容易生病，因此，猫窝的温度应保持在 25 ~ 30 °C 为宜。

5. 及时调教

在幼猫时期，应对其进行适当的调教和训练，使其在固定的地点大小便，不随意上桌子、上床与人共寝。待猫长大后会养成良好的习惯。

（二）幼犬的护理

1. 幼犬入室前的准备

（1）给幼犬营造一个安全舒适的环境

房间内的家具、物品之间尽量不要留有狭小的空隙，以免幼犬的脑袋卡在其间，造成身体伤害；将所有电器的电源插头从插座上拔掉，以免幼犬啃咬触电；将所有的清洁物品及装饰物品放在幼犬无法触及的地方；所有药品、杀虫剂和洗涤用品都应妥善放置，在使用后应把瓶盖盖紧，防止幼犬吸食中毒；将别针和裁缝用具等细小物品妥善保管，以免幼犬吞食带来致命后果；准备保暖的犬床（可用一个纸箱给幼犬制作犬床），并在犬床里面铺上棉絮、毛巾毯等作为垫子；防止穿堂风，以防感冒。

（2）食具的准备

选择坚固不易损坏、便于洗涤、底部较大、不易打翻的器皿作为食具（食盆和水盆），如陶瓷盆、不锈钢盆、铝盆、铁盆均可。食具的大小形状要依犬的大小外形而异。扁脸短鼻犬种，应该用浅器皿；耳朵较长的犬种，应该用小口的食具，以便其进食时耳朵留在外面。先清洗食盆和水盆，然后用来苏儿溶液进行消毒。

（3）常用用品及玩具的准备

常备一些药用棉、棉签、纱布、消毒药（来苏儿、新洁尔灭等）、30%碘酊、紫药水及抗生素药膏等以备急用。另外，幼犬在长牙齿时会有搬运和咬东西的行为，因而必须根据犬的爱好准备一些不易吞食、不易破碎、无毛的棒状（或球状）玩具和犬咬胶，供幼犬啃咬和玩耍。

（4）便盆的准备

室内养犬一定要有便盆，盆内可放上旧报纸或煤灰等，以随时更换。最好是训练爱犬到卫生间的低漏处大小便。

（5）颈圈和牵绳的准备

颈圈可由皮、尼龙、金属及棉带等制成，紧松、大小要合适犬体，并要随幼犬的生长及时调整或更换。通常不锈钢颈圈和链条两种材质既美观又耐用，但一般只用于短毛的中型或大型犬种。牵绳可用皮带、帆布带、纤带或铁链制成，末端要有脱套方便且不会从颈圈上脱落的套钩。

2. 幼犬日粮配制与饲喂

幼犬机体需要的营养素约有50多种，归纳起来主要是水、蛋白质、脂肪、矿物质、碳水化合物、维生素六大类。犬虽然属肉食动物，但却能有效地利用多种不同的食物，这种能力使犬能够从各种食物中满足它对营养的需要。应该根据犬的品种、年龄、性别、体重、不同生理状态和使用情况等，科学地给予犬只所需要的饲粮，以保证幼犬的健康生长。

目前犬粮可分为自制和外购两种：其中外购商品犬粮的配方有一定的科学依据，并且加工工艺特殊，可长期保存，有干颗粒状、粥样、含水罐头等品牌。目前有些家庭仍然还是只给狗吃剩饭或者只给狗吃肉，这就是我们常说的自制狗粮，这种方式极容易引起饲料营养不全或因配制方法不当而造成营养成分丧失，或因犬的偏食而发生某些疾病，非常不利于狗的健康和成长。为保证犬只的健康生长，应根据其营养需要将各种饲料按一定的比例混合在一起，制成营养比较全面的犬粮。不论是自制狗粮还是外购商品犬粮，都应达到卫生、营养均衡、适口性强、容易消化的要求。

平日饲喂要做到：

① "五定"和"四不喂"，即定时、定量、定温、定质、定地点；隔夜的食物不喂，太热的不喂，太冷的不喂，剧烈运动后不喂。

② 要保证食具、食物和饮水的清洁卫生，使犬养成"非盆中食不吃"、"非主人喂给的食物不吃"的习惯。

③ 在喂食时，注意观察，如发现有异常，要查明原因，并及时采取措施。

④ 剩食要及时取走或过一会再喂，确保舍内卫生，防止犬养成恶习。

3. 幼犬被毛的护理

（1）经常梳理被毛

经常给幼犬梳理被毛能够有效防止被毛缠结，还可以促进血液循环，增强皮肤抵抗力，有利于幼犬的健康。梳毛时应使用专门的器具，手腕柔和摆动，横向梳理，不能粗暴蛮干，否则犬会感到疼痛。幼犬的底毛细软而绵密，如果长期不梳理，极易缠结，因此在刷毛时，尤其是对长毛犬进行梳理时，应一层一层的梳，最后对其底毛进行梳理，同时注意观察皮肤状态，这样既能彻底梳通又能及时发现蚤、虱等寄生虫（若未完全梳通可能会引起湿疹、皮肤瘙痒、寄生虫或过敏等其他皮肤病）；梳理敏感部位（如外生殖器）附近的被毛时尤其要小心；犬的被毛玷污严重时，梳毛应配合使用护毛素（100 倍稀释）或婴儿爽身粉。对细绒毛（底毛）缠结较严重的犬，应用梳子或钢丝刷顺着毛的方向从毛尖开始梳理，直至毛根部，须一点一点进行，不能用力梳拉，以免引起疼痛或将毛拔起。通常每天早晚各刷一次，每次刷毛 3 ~ 5 min。

（2）给幼犬洗澡

3 个月以内的幼犬以干洗为宜，每天或隔天喷洒稀释 100 倍以上的宠物护发素或幼犬用干洗粉，勤于梳刷，即可代替水洗。此外，也可以用温热潮湿的毛巾擦拭幼犬被毛及四肢，以达到清洁体表的目的，但一定要格外小心。肛门是犬比较敏感的部位，水温不能过热，以免烫伤犬的肛门黏膜；也不能过凉，过凉同样会刺激犬的肛门，使犬感到不舒服，从而感到恐惧和害怕，致使幼犬以后不再愿意接受擦拭。擦拭头部时注意不要碰到幼犬的眼睛，擦拭后应马上用干毛巾再擦拭一遍，然后再轻轻地撒上一层爽身粉，最后用梳子轻轻梳理被毛至少 10 ~ 20 min。

3 个月以上的幼犬一般 2 周左右洗 1 次。洗澡水的温度不宜过高或过低，一般为 36 ~ 37 ℃。给幼犬洗澡应在上午或中午进行。有些幼犬害怕洗澡，尤其是沙皮幼犬更怕水，因此要做好幼犬第一次洗澡的训练工作，用脸盆装满温水，把幼犬放入盆内，露出头和脖子，这样会使幼犬感到舒服，以后就比较乐意接受洗澡。

4. 幼犬牙齿的护理

与人类一样，当食物碎渣或残屑贮留在牙缝里时，可引起细菌在牙缝里滋生，造成龋齿或齿龈炎症，影响犬的食欲和消化。因此要经常或定期检查和刷拭幼犬的牙齿，一旦发现问题及时处理。方法是用蘸有生理盐水的湿棉签擦去牙缝里的食物碎渣或残屑物，然后再用湿棉签蘸取牙粉，以清除牙垢，每周给幼犬刷牙 1 次。护理时不能使用人用牙膏，犬不喜欢那种气味，且易刺伤牙龈。此外，幼犬的牙齿较稀（特别是乳齿和换牙期间），骨头等碎片容易卡在牙缝里，应尽量少给幼犬吃带骨头的食物。

5. 幼犬眼睛的护理

某些眼球大、泪腺分泌多的犬，常从眼内流出多量泪液使得眼角下被毛变色，如北京犬、吉娃娃、西施犬、贵妇犬等，因此要经常检查犬的眼睛。当犬患上某些传染病（如犬瘟热等），特别是患有眼病时，常引起眼睛红肿，眼角内存积有大量黏液或脓性分泌物，这时要对眼睛进行精心治疗和护理。方法是用棉球蘸上生理盐水将眼睛四周的长毛向四周分开，然后用棉球蘸上 2% 硼酸液，由眼内角向外轻轻擦拭，但不能在眼睛上来回擦拭，一个棉球不够可再换一个，直到将眼睛擦洗干净为止；在用棉球擦拭眼睛时，动作要轻，以免损伤眼结膜。擦洗完后，再给犬的眼内滴入眼药水或眼药膏，以清除炎症。如果像沙皮犬等常因头部有过多的皱皮而使眼睛睫毛倒长，倒长的眼睫毛常刺激眼球，引起犬的视觉模糊、结膜发炎、角膜浑浊，可请兽医做手术，去除部分眼皮（类似人的割双眼皮整容术）。也可用镊子将倒睫毛拔掉。

6. 幼犬耳朵的护理

幼犬的耳道很容易积聚油脂、灰尘和水分，尤其是大耳犬，下垂的耳壳或耳道附近的长毛常把耳道盖住，使得耳道空气流通不畅，易积垢潮湿而感染发炎。因此，要经常检查犬的耳道，如果发现幼犬经常抓耳朵，或不断用力摇头摆耳等现象，这说明耳道可能有问题，应及时仔细检查。若需要清理耳道，可先用酒精棉球消毒外耳道，然后再用 3%碳酸氢钠滴耳液或 2% 硼酸液滴于耳垢处，待干固的耳垢软化后，用小镊子轻轻取出，但镊子不能插得太深，精力要高度集中，以免伤及耳道；最后再用酒精棉球擦拭并消毒内耳道和外耳道。清除耳垢时应仔细观察耳道中有无寄生虫，如果有寄生虫，应及时用合适的药物给予治疗。

二、妊娠期和哺乳期的犬、猫护理

（一）妊娠期母猫的护理

雌猫一般出生后 7～8 个月，最迟到 1 岁时出现第一次发情，根据猫的品种、生活环境、喂养状况也会有所不同。暹罗猫一般在出生后 7～8 月，波斯猫在 10～18 月时发情。雄猫比雌猫晚 2～3 个月，大约 1 岁时发情，一直到 10 岁左右都可以进行交配。

1. 发情症状的判定

猫是季节性多发情动物，每年的春秋两季会出现发情症状，通过观察猫的行为即可发现是否发情，发情的雌猫虽不像犬那样出血，但与平常明显不同，容易发现。表现为：坐立不安，没有食欲；在主人脚下蹭来蹭去，在房间内少量、频繁地排尿；边走边在地板上蹭屁股，尾巴上翘蹲坐着，弓着腰，发出低沉的叫声，摆出一副交配的姿势，经常出去，因此要照顾好发情期的母猫。

冬末夏初这段时间是猫的发情期，每次 5～10 天，如不交配，2～3 周后再次发情。如长期不让其交配，激素失去平衡会使得发情的间隔时间缩短，就会不断地发情。从交配之日算起，一般大约在 65 天左右，母猫将会分娩。但不同品种的猫，妊娠期略有差异。长毛猫和纯种猫的怀孕期略长 1～2 天，短毛猫和家猫的怀孕期略短 1～2 天，总的来说前后误差不超过 7 天。我们可以根据这个时间提前做好接产准备。

2. 产房的准备

产房采用木板箱或硬纸箱等，但一定要注意保持产箱内的通风和干燥。产房的高度以母猫方便出入、仔猫又不能爬出为宜；面积不用很大，母猫能伸开四肢的三倍大小为佳。通常将产房晒上几天，然后再放置在家中较安静和稍暗的角落并铺上清洁的软布，但要保持通风和干燥，同时细心观察母猫每日的状态。母猫临产时，主人要减少外出的次数，每天检查猫的阴部。另外考虑到可能会难产，要和医生保持联系。长毛品种的猫，要把臀部周围和腹部的毛剪掉，以便接生和小猫吮吸乳汁。

3. 怀孕母猫的护理

交配 4～5 周后，母猫肚子稍微隆起。肚子的大小因胎儿而异。这个时期母猫极易流产，所以不要乱摸肚子。短毛品种的母猫，由于荷尔蒙的作用，毛色很有光泽。7 周后肚子更加明显，乳腺张开，体重比平时增加 1～2 kg，动作也稍显迟钝。饲喂应注意：

① 提供丰富的蛋白质和钙。怀孕猫的胎儿开始发育 4 周时，食欲会大增。对于有食欲的猫可以增加一倍的食物量，少食多餐，要分 3～4 次喂给。食物中要含有丰富的胎儿成长所需

的蛋白质和钙，像肝、瘦肉、牛奶、鱼干等都要以新鲜、易消化的为宜。怀孕期严重的腹泻会导致流产，所以应注意不要出现饱餐或消化不良。

② 不能擅自给猫吃药。这时要经常观察阴部，一旦发现有血，即使很少也要马上请医生检查。让猫安静地接受治疗、保胎。

③ 适当运动。怀孕时，适度的运动有利于身体健康，增加肌肉的张力和减少脂肪的蓄积，保证顺利分娩。经常带猫去室外活动和晒太阳，有利于钙的吸收，对胎儿有利。但要防止母猫从高处跳下，导致流产。

④ 保持安静。孕猫喜欢安静，不愿意人或动物打扰。因此可将猫窝放在安静、干燥、温暖、有阳光的地方。

⑤ 防止流产。妊娠母猫的腹部受到不适当的挤压或剧烈的运动时，会造成胎儿发育不良、流产、死胎等情况。因此妊娠期间尽量减少室外活动的次数和洗澡的次数。洗澡时动作要比平时轻柔，不用大风量的吹水机，尽量将身上的水擦掉，用小风量的吹风机吹干，产前7天不能洗澡。

4. 分娩时的护理

分娩前母猫会变得很不安，总爱蹭主人的腿撒娇，乳房膨胀，乳头处有乳汁渗出；突然间没有食欲，出现透明的白带时，不能再让猫外出；临产时，体温会降至37 ℃左右，所以冬季要注意保暖。

母猫阵痛时，为它揉一下肚子，阵痛开始在出现混有粉红色血丝的白带前后，由轻慢慢加重，间隔越来越短。母猫四肢和全身抽搐。如果母猫很辛苦的话也可配合其呼吸，自上而下轻轻抚摸其肚子。一旦胎儿渐渐露出，疼痛加剧，羊水破裂，伴随着一阵剧烈的疼痛，小猫露出，母猫咬破羊膜，开始舔小猫。小猫感应到这种爱抚开始呼吸；稍后再次用力，胎盘出来，母猫咬断脐带，将胎盘吃光。刚出生的猫，在身体未干之前就能找到母亲的乳房，开始吃奶，然后再产第二胎。

如果这一系列的分娩母猫能自己顺利完成的话，猫主人就不要插手，在一旁照顾即可。不过胎盘吃多了，会引起腹泻，所以最多让母猫吃3个，剩下的扯断后扔掉。

（1）协助分娩

尚未咬断脐带，用消毒的剪刀在离小猫腹部2~3 cm处将脐带剪断。分娩时通常不会出血，千万不要用力扯脐带。逆产胎儿中途被卡住的时候，母猫很疼痛，有必要从旁边协助。

（2）幼猫出现假死的救助

分娩耗费时间太多，先生出的猫就会窒息。此时先用纱布把鼻子和嘴里的羊水擦去，用嘴对着猫的鼻子轻轻把羊水吸出来，也可用毛巾包住小猫，像除水一样，倒着晃2~3次。这样还不行的话，就在脸盆中放些温水，把小猫交替放进去，然后边擦拭全身，边做心脏按压。

（3）难产

分娩过程中阵痛减轻，呼吸变弱，母猫昏睡，小猫仍未出生或胎儿过大时，可实行剖宫产，所以要和医生取得联系，及时处理。

（二）妊娠期母犬的护理

母犬需要大量的营养物质供给胎儿的生长发育以及维持母犬自身的生活，合理营养对母犬的健康、保证胎儿的正常发育、防止流产有重要意义，因而应供给优质的日粮并适量添加维生素和矿物质元素，切忌不可喂过冷的饲料、霉变的饲料以免因刺激胃肠引起流产等意外。妊娠期的护理工作十分重要，关系到整个繁殖工作的成败。妊娠期护理的任务是增强母犬的体质，保证犬胎发育。其护理一般分为以下四个阶段。

1. 交配后 1~10 天期间的护理

妊娠后母犬对食物的需要量不会明显增加，可以按原饲养方法饲养，每天饲喂 2~3 次，从发情到开始胚胎附植期间，母犬食物中蛋白质、脂肪、碳水化合物的摄取不应超过机体的维持需要。日粮中适当补充维生素和矿物质可提高母犬的受胎率和窝产仔数。母犬妊娠后，会出现活动减少、性情温顺、眨眼明显增加等现象，应给妊娠母犬提供一个安静舒适的环境，并给予充足而洁净的饮水；每天应散步 3~5 次，每次约 20 min，散步时应防止妊娠母犬和其他犬接触，要拉好牵引带慢步走；禁止剧烈运动、恐吓、打骂、洗澡或游泳，防止流产。

2. 交配后 11~30 天期间的护理

这期间妊娠母犬采食量会逐渐增加，大约比妊娠前增加 5%~15%，因而应供给足够的日粮并保证充足的饮水供其自由饮用；加强运动锻炼，每天散步时间大于 4 h，以增强体质，促进胚胎的健康发育；如果要洗澡，可选择在上午或中午。母犬在妊娠 25~30 天期间，可采用伊维菌素或阿维菌素驱虫 1 次，以免犬仔或犬胎感染寄生虫，但切勿饲喂过量的驱虫药，以免发生流产。

3. 交配后 31~55 天期间的护理

在此期间犬胎发育较快，妊娠母犬的腹部迅速增大，采食量明显增加，日粮用量应比妊娠前增加 15%~30%，每天饲喂 3~4 次，以保证胎儿健壮、活力强和初生体重大。但此时妊娠母犬的食量和水量增加，排便次数也会增加，需要每天多带它出去几次。为防止流产，牵犬散步应单独进行，行走要慢，牵引要轻，避免爬坡、跳沟和其他剧烈运动，要防止妊娠母犬腹部受到碰撞、过度疲劳或突然受到惊吓等。给妊娠母犬提供大小适宜、既通风又保暖的舒适的窝，同时不要让陌生人接近犬窝，以免妊娠母犬神经过敏；也不要用手抱，应让其自由行动和休息。

随着腹部的增大，妊娠母犬的性格可能也会随之发生改变，如易怒、烦躁，甚至更加依赖主人，因而应经常陪伴妊娠母犬，加强感情交流以减轻其烦躁、恐惧的心理。由于腹部的增大，母犬自己清理外阴和抬起腿来搔痒都会很困难，所以要经常抚摸妊娠母犬，帮助它保持外阴清洁，并经常刷拭妊娠犬的被毛，促进表皮的血液循环；每隔几天用温热水和皂液洗涤妊娠母犬的乳头 1 次，然后擦干，防止乳头感染；天气晴朗时，多带它出去晒太阳。

4. 交配后第 56 天到分娩期间的护理

此时妊娠母犬腹部高度膨大，由于增大的子宫会压迫胃肠，导致每次的采食量减少，因此，每天至少饲喂 4 次，每次都尽量让妊娠母犬吃饱，以保证胎儿健壮、活力强和初生体重大。此阶段应停止洗澡，禁用刷子刷洗妊娠母犬的腹部；还需要将妊娠母犬的乳房、外阴部周围的长毛剪去，时常用湿毛巾清洗干净，以便于分娩和哺乳。妊娠 56 天后，应将妊娠母犬尽早移入产箱适应新环境，否则临产时移入产箱会导致妊娠母犬挠门、嚎叫、分娩起始时间推迟或迟迟不见胎儿排出等异常情况。产箱的大小应以妊娠母犬以可自由站立、转身而不干扰新生犬为准；

产箱壁应足够高，以防止穿堂风，一侧开放，可使妊娠母犬自由出入。对于需要僻静的妊娠母犬，其产箱上方应加盖，但要注意保持产房的安静。如果在分娩时打扰妊娠母犬，分娩可延长4 h以上。产箱所在室内温度应保持在15 ℃～23 ℃，必要时可采取保暖措施，如用电热器、加热灯等加热，但在热源周围应有足够的空间，以便犬仔能够靠近或远离热源。

5. 分娩时的护理

分娩前母犬会变得很不安、食欲大减，甚至停食，行为急躁，常以爪抓地，尤其是初产妊娠母犬表现得更为明显。临产前3天左右，体温会降低0.5 ℃～1.5 ℃。当体温开始回升时，表明即将分娩。分娩过程及护理与猫相同。

（三）哺乳期的护理

犬、猫在分娩后体力消耗很大，身体比较虚弱，抗病能力明显下降。此外，由于分娩过程中子宫、子宫颈等产道会有不同程度的损伤，加之胎膜、胎液等异物遗留在子宫中形成恶露，为病原微生物的侵入和繁殖提供了良好的条件，容易患子宫疾病。同时此阶段犬、猫又要哺乳喂猫仔，需要大量的营养物质，所以对产后的犬、猫应特别注意加强护理，促进其尽快恢复正常，并防止产后疾病的发生，为此应注意以下几个方面：

① 喂养方面：顺利产子后的母犬、母猫开始"蒙头大睡"。要为其精心准备食物，以补充消耗的体力，保证充足的奶水。饮食量可增至平时的2～3倍，必要时可增加喂食的次数。

② 管理方面：提供一个安静、清洁、干燥、温度适宜的生活环境，对犬、猫恢复健康和提高抗病能力极为重要，并定期消毒，及时清除残食、粪便和被污染的垫料。

③ 预防疾病方面：加强饲养管理的同时，应注意子宫疾病和乳腺炎的发生，平时可由犬、猫自己舔阴部来杀菌，但长毛的品种仅靠自己舔是不行的，所以要用药棉蘸湿水帮其擦拭；乳头周围也需要擦干净。

④ 由母犬、母猫照顾幼仔的一切起居生活。犬、猫从出生到10天左右眼睛不会睁开，只顾埋头吃奶和睡觉。如果母犬、母猫身体状况正常的话，交由其自由饲养。

三、老龄犬、猫的护理

一般来说，8岁的犬、猫就算进入老龄了。就像人类会步入夕阳，犬、猫也会从顽皮可爱的小家伙变成行动迟缓的老者。以美国近年来的研究推算，一般犬的寿命在12～15岁，猫的平均寿命11.88岁，而混血猫要比纯种猫的寿命长；绝育犬、猫的寿命也比较长；肥胖犬、猫的寿命较短。有记录活得最久的猫是36岁。但是无论犬、猫衰老的快慢，超过6岁，犬、猫的器官功能就开始退化。

（一）衰老的表现

① 老年犬、猫会明显变得倦怠，缺少活力，不愿活动。这是因新陈代谢减慢的原因，而身体对能量的需求也会随之降低，所以老年猫的食欲和食量会明显减少，体重减轻。

② 听力和视力也明显下降。有的老年猫渐渐变得对主人的呼唤没有反应，有时会无缘无故大声叫。如果已经发生，这将是不可逆转的事实，犬、猫也因此而十分痛苦。假如在它还

幼年的时候就能坚持每周用洗耳水清洗，这种老年失聪的现象就几乎不会出现，由此可见犬、猫平时的清洁美容是非常重要的。

③ 犬、猫全身的皮毛变得薄而干，缺乏弹性，易患皮肤病，脱毛的现象增多，甚至毛发颜色从以前漂亮的颜色慢慢变得灰黄或有白毛出现，这是因为猫体内的维生素和微量元素正在大量流失。

④ 老年犬、猫对冷和热的耐受力不如从前，睡眠质量也会下降，不容易沉睡。

⑤ 消化系统的紊乱。经常出现便秘、腹泻，时常呕吐等现象，采食量减少，不仅影响了猫的寿命，还会让它倍受折磨。

⑥ 当犬、猫改变了以前的习惯，如饭后不再洗脸，或者改变了排泄习惯，或找不到沙盆时，它的寿命也许就快要到终点了。

（二）老龄猫的护理

老龄猫易患的疾病有：口腔和牙齿疾病、便秘、皮肤病、贫血等。老龄猫的肌肉和关节的配合以及神经的控制协调性都远不如青年猫，骨骼也变得脆弱，因此不能让它们做一些高难度的动作，以免因剧烈运动而导致肌肉拉伤。

① 每年定期带猫去医院检查尿液、血液和粪便。因为老年猫运动量的明显改变，会使消化功能和肝、肾功能发生改变，老年猫最容易患肝硬化、脂肪肝和肾病，这些内脏疾病初期没有明显的症状，日常生活中也不易被发现，等到有明显表现时，往往已无法治疗。

② 关节护理。关节痛是高龄宠物的通病，就像老人会觉得腰酸背疼。如果不能定期活动，在猫休息时可多为它按摩肌肉，活动四肢关节，按摩时力度要轻，要考虑它的承受力。

③ 眼睛护理。经常用湿棉花清除过多的黏液，并清洁眼睛周围的皮肤。

④ 耳朵护理。定期检查内耳道，清除耳蜡。

⑤ 口腔护理。如有条件，应给猫刷牙，减少牙龈发炎和牙结石。大量的牙结石会使牙齿松动脱落，要经常观察猫嘴里有无掉牙，掉牙的口腔和牙龈上有无溃烂牙周发炎，一旦发现应及时治疗，否则会引发全身感染。长期的食欲不振，也可能是因为猫的口腔不适造成的。

⑥ 喂食。良好的营养对老龄猫非常重要，精心的饲养管理会延长猫的寿命。老龄猫的营养需求和年轻猫不同，饲料质量要求高，其中包括高质量的蛋白质、足够的脂肪。运动量的改变会使胃肠的消化吸收能力、肝肾的过滤功能和解毒功能发生改变，应注意降低食物硬度，喂给宜消化的食品，并适量补充钙、铁、维生素及微量元素。

⑦ 老龄猫很容易有压力和失落感，并且变得爱嫉妒。此时家中最好不要再添加新的宠物。在家里多摆一些绿色植物，可以大大缓解猫的压力和紧张感。不要再用强硬的语气训斥猫，尽可能多注意它，与它说话和抚摸它。

⑧ 安乐死。如果衰老已使猫无法舒适地生活，为了不使其饱受痛苦，在医生的建议下，可施行安乐死，安乐死是无痛苦的，只需注射一针过量的麻醉药便可让它安然睡去。

（三）老龄犬的护理

1. 常规检查

老龄犬易患肿瘤、肾衰竭、牙齿疾病、膀胱结石和下泌尿道结石、肝硬化、白内障、耳聋等疾病，因而对老龄犬只进行常规的尿液、粪便、血液检查是非常有必要的。除此而外，测量犬的三大生理指标——体温、呼吸、脉搏也是很有必要的，但在测量时一定要使犬、猫保持相对平静的状态，这样才能保证测量数据的准确性；同时要定期给犬刷牙，注意观察牙齿是否健康。因为牙齿疾病会影响所有年龄的犬的健康，但常见于年老的个体，因为牙垢在牙齿上积聚，细菌容易侵入牙齿根部，引起牙龈脓肿、发炎，牙齿的附着开始不牢固，甚至引发剧烈的牙痛，影响进食。

2．清洁护理

定期给老龄犬梳理被毛，在梳理过程中可以检查它的身体有无包块、淋巴结是否肿大、皮肤是否健康等。但应注意梳理的力度要适当，既要起到按摩的作用又不能用力过大。给老龄犬洗澡不能时间过长，最好选择在上午或中午进行，洗完后不能用烘干机烘干而只能用吹风机吹干，但在用吹风机吹毛时应该注意不要发出过大、刺激的声音，以免使老龄犬受到惊吓造成意外。

3．创造舒适的生活环境

老龄犬需要稳定、有规律、慢节奏的生活，不要轻易改变它的作息时间，这时可为它穿戴优质的纯棉服饰和挑选舒适的犬窝。犬睡觉的时候，不要打扰和惊吓它，让它充分地休息。由于老龄犬的感觉比较迟钝，抚摸它之前应先轻声呼唤它的名字，让它对主人的到来有个思想准备，更不能驱赶和追打它，以免它受到惊吓。在院子里开车停车时一定要事先检查一下犬是否在车的附近，因为它的反应比较慢，可能会无法及时躲避。

4．合理运动

老龄犬身体老化，一些重要的器官会逐渐衰退，活动量会减少，不应做剧烈运动，如登山、奔跑、游泳等，日常散步即可满足它的运动需求，不要强迫它持续地运动，应给它机会，自己决定是继续活动还是停下休息。

5．营养保健

老龄犬各方面的消化机能均降低，嗅觉也变得迟钝，因而它的食物既要松软、易消化、高钙、低磷、低盐并且还要含有优质的蛋白质和适量的纤维素，所以建议选用质量可靠的老龄犬专用粮。如有心脏病等一些特殊疾病的患病犬，建议选用专业的处方犬粮；若是自配犬粮，就在日粮中额外添加一些肉类、鱼类、蛋类、蔬菜及维生素A和钙。由于老龄犬运动量较少，饭量也随之减小，消化能力降低，因此在饲喂方法上可采取少食多餐制，以减轻老龄犬的肠胃负担，保证营养充分吸收。如果是肥胖的犬，在老龄时各机能都有所减弱，此时心脏和骨骼负担较重，必须减肥；老龄犬易发生便秘，所以平时的饲喂就应该多增加蔬菜的摄入。老年性便秘可用乳果糖、杜秘克治疗，但如果是前列腺肥大等疾病引起的便秘，则应及时就诊。

6．定期体检

定期请兽医为老龄犬体检，会及早发现身体异常，以便于及早接受治疗。而且兽医还会对老龄犬的饮食提出合理的建议，根据老龄犬的身体情况制定更合理的饲喂方法。例如，患肾病的犬只，应减少磷及蛋白质的摄取量；患有心脏病的犬只，应减少盐的摄入；患有颈椎病的犬只，进食时低头困难，则需要将食盘放在便于进食的合适高度。

项目六　宠物美容店的开办与经营管理

近年来，随着社会经济的发展和城市化进程的加速，城市居民家庭的独立性、个性化和人口老龄化问题日益突出，居民的休闲、消费和情感寄托方式也呈现多元化。宠物饲养已经成为城市居民消费的新亮点，宠物产业成为城市经济的组成部分。家养宠物数量的急剧增加，宠物时尚、宠物用品、宠物医院、宠物美容、宠物选美等话题越来越广泛。人们逐渐认识到宠物美容行业所带来的巨大商机，因此宠物爱好者、宠物饲养者、宠物医生等纷纷开始转向学习宠物美容知识。宠物职业美容师和宠物美容院成了城市中不可分割的一部分，拥有宠物的家庭也越来越意识到宠物美容的重要性。

宠物美容师应当具有丰富的美容技巧，而且其行为要求职业化、标准化，这就意味着宠物美容师必须经过专业的训练和职业教育（或培训）。许多宠物美容师的目标是拥有自己的宠物美容店，因为宠物美容行业通常只需要较低的投资即可进入，所以非常具有吸引力，也容易就业与创业。宠物美容店的经营与管理是一门重要的学问，有专门的经营技巧。

模块一　宠物美容行业的认知

宠物美容店作为现代服务业以来，其价值主要体现于所提供的服务和产品的质量。纵观整个宠物美容行业，无论是行业协会还是社会新闻媒体等机构，截至目前，尚未就宠物美容作任何评选活动，而且由于宠物美容行业的规模非常庞大，目前市场上尚未形成比较认可的行业品牌。

一、宠物美容店的经营模式

（一）单独个体经营

单独个体宠物美容店是完全利用自有资金，自我经营宠物美容店的模式，其所有权和经营权都不隶属于任何一个连锁宠物美容店或者其他类型的共同联合体。这种经营模式既可以是仅做宠物美容也可以是宠物医院附带宠物美容，不过这种单独个体开店，即使店主经验丰富，开店之前也需要做细致、深入的调查，尤其对选址有较高的要求，位置的好坏也是直接影响店铺生存的重要因素之一。

（二）加盟连锁店

一般而言，好的宠物美容连锁品牌不仅具有较高的知名度和影响力，而且在技术、管理和加盟服务方面也有保障。目前国内已有运作成熟的宠物美容连锁品牌，不但为加盟商提供周密的开店计划，而且也会提供人员、技术和管理方面的支持。

（三）开网店

将宠物美容店开在网上，是较为时尚而且简单的经营方式。可以通过技能展示视频、美容效果图让顾客认识、了解美容师，然后电话预约，上门服务。这种模式节省了房租、水电等管理费用，价格相对便宜，时间较灵活。

二、宠物美容店的服务项目

宠物美容店如果只开展宠物美容和宠物用品销售，则归属于现代服务业，进入该行业并无准入条件，只需按正常程序报批工商营业执照和税务登记证即可。如果有买卖犬猫等业务，则还需要到公安机关办理犬类经营许可证以及到卫生部门办理卫生许可证。

（一）宠物美容

宠物美容是宠物店的招牌服务项目，宠物美容技术的好坏直接影响整个店铺的经营成败。优秀的宠物美容师不但要掌握常见犬种的经典造型设计，还应掌握多种风格的造型设计技巧。通过不同的修剪技巧，独特的染色技术，个性化的包毛等设计，显示出宠物的个性与时尚。

（二）宠物护理

洗澡是犬、猫最普通的日常护理工作之一，其次还可能要对其眼睛、耳朵、牙齿、趾甲进行日常护理，或者选用一些特殊的仪器，如按摩仪、理疗仪等，对健康或患病犬、猫进行护理，从而最大限度地确保犬、猫的健康。

（三）宠物寄养

这是宠物店的常见经营项目之一，专为宠物主人提供寄养服务。通常宠物店需要与犬的主人签订寄养合同，提供让顾客放心、满意的寄养环境与日常护理。注意寄养前，首先检查宠物的身体健康状况，确认健康后才签订寄养协议。寄养结束后 1~2 周，还应电话回访宠物回家后的情况。现在很多宠物美容店已推出普通寄养、标准寄养和豪华寄养的不同模式。

（四）宠物食品、宠物饰品等用品的销售

宠物食品是宠物消费的主要项目，店铺在经营宠物食物时应选择质量有保证、品牌悠久的犬粮，供应不同口味、不同规格的产品以及专用犬粮或处方犬粮。另外像衣服、鞋子、帽子、项圈等服饰用品也是必不可少的项目，还有宠物窝（床）、运输箱、各种玩具等也是不可缺少的。

（五）宠物摄影

宠物店可根据不同犬只个体提供拍摄写真、艺术照、家庭生活照等业务；对于一些种犬或赛犬，也可将照片用于商业推广或宣传。

（六）犬只交易

宠物店可利用丰富的客户资源与销售渠道，给顾客提供不同犬种的活体买卖交易，也可开展优良犬种的配种业务。但需保证所售品种的质量和掌握相关的免疫方法，防止疾病发生，规避风险。

（七）宠物殡葬

如果要从事这项服务，则必须要到工商部门申请相关执照，所有宠物殡葬服务和用品必须在政策规定范围内，并在动物检疫部门或卫生部门许可的前提下开展殡葬业务，如宠物标本制作、土葬、火葬及网上设置灵堂等形式。其中宠物标本制作是由于主人不忍心随意将宠物处理，而诞生的一种新的纪念方式，即将死去的宠物制作成标本；火葬则是一只宠物一个火化炉，将骨灰存留于专门的骨灰堂，满足宠物主人亲自送宠物最后一程的要求，现已推出现场火化服务；土葬是选择合适、合法的宠物墓地，对动物尸体进行无害化处理，如深埋消毒法；网上灵堂是宠物主人在祭祀网站上为宠物注册一个灵堂，点歌寄托哀思，用文字记录下与宠物共同相处的点滴回忆，爱好宠物的网民也可以跟帖呼应，表达悼念情怀。

（八）宠物婚介

此业务主要是对宠物的姓名、年龄、品种、健康状况等基本信息进行登记以后，再为宠物进行清洗消毒、整理毛发、美容化妆和佩戴饰物，精心装扮之后刊登宠物征婚启事，为宠物找到体重、体型、血型等符合要求的婚嫁对象。不过，此业务对经营者要求较高，必须具备丰富的繁育与医疗知识，例如，能迅速判定宠物的类别及品种是否纯正，辨别它们的健康情况等；同时，为了防止近亲交配，还需仔细查看宠物的血统证书，并确认三代以内没有血缘关系才可以交配。

三、设备与设施

专业的宠物美容是需要专业的美容工具来辅助的。宠物美容店常用到的有美容设备、美容工具和美容用品三大类，经营者可以根据实际经营内容参考选择。

① 美容设备：美容工作台（轻便型、工作型、升降式）、洗浴盆、烘干箱、吹风机、吹水机、吸水毛巾。

② 美容工具：梳毛用具（美容梳、虱梳、钢丝刷、分界梳、针梳、染毛梳、开结梳、排梳、拔毛刀）、剪类工具（电剪、直剪、弯剪、牙剪、趾甲剪）、止血钳。

③ 美容用品：洗发香波、乳油清洗剂、毛发软化剂、止血粉、美容纸、橡皮圈、毛刀、口罩、染毛剂。

四、员工培训

任何一个企业的成功都离不开对员工进行系统的培训。如何使员工高效地工作是宠物美容店必须解决的重要问题。通常宠物美容店的培训包括以下几方面的内容：

① 接待培训：接待工作会直接影响宠物美容店的经营好坏，因此要全面培训前台接待人员，如文明用语、规范的收银操作等。

② 技能培训：包括宠物美容前的准备工作、普通护理、详细的美容步骤以及修剪毛发的

专业技术知识等,最重要的就是要让接受培训的员工清楚他们的工作任务,带着目的来培训,从而更有针对性。

③ 知识培训:主要包括学习宠物美容店的布局,如何为客人提供专业指导服务,以及其他辅助服务;同时了解员工的权利和福利;了解员工申诉的程序。

④ 日常培训:宠物美容店要发展,所有的员工不管他们在本岗位工作的时间有多长,都有必要继续接受培训,对本行业的发展动向有基本了解。

⑤ 额外培训:一般宠物美容店出现以下两种情况需要进行额外培训,一是店内购买了新设备,员工使用新设备需要掌握新技能;二是员工在工作中表现不正常,员工的工作表现可作为是否需要额外培训的信号。

五、投资规模

宠物美容店的基本设备包括美容设备、美容工具和美容用品三大部分。一般而言,投资规模可根据服务对象、经营场地和投资能力等综合考虑而决定。投资不仅要考虑这些基本配置,还要包括员工工资;同时由于不同地段、房型及经营类别的不同,投资规模有所浮动。

六、宠物美容店的市场现状及风险

近年来北上广的宠物美容店增长迅速,既反映出这个市场的繁荣现状和发展潜力,同时也可以看出宠物美容店的竞争变得越来越激烈。单就宠物食品来说,常见的宠物食品品牌如宝路、伟嘉、爱慕斯和希尔斯,在中国都是畅销品牌。狗粮的代理商为了维持市场稳定,会设置一个上下限;此外,狗粮的品牌规格相对稳定,市场较为透明,零售商要在众多的竞争对手中取胜是比较困难的,所以目前大多数宠物店基本上都是宠物用品、宠物美容、宠物寄养三大业务共同开展。

据业内权威人士分析,目前多数省会城市的宠物用品店不超过 30 家,宠物医院则不超过 10 家,由此可见市场空间巨大。只是从事宠物交易业务,特别是名犬品种交易需要规避疾病风险,因为某些病毒性传染病的潜伏周期长、病死率高,给投资者带来极高的风险,这也是很多人不敢从事这个行业的重要原因之一。

模块二 宠物美容店的开业筹备

开业筹备,是指宠物美容店在开始营业之前应事先准备和落实的各项具体事项。由于不同宠物美容店的经营者和管理模式不同,经营规模和投入的人力、财力、物力也有区别,因此,事先准备的程度因具体情况来决定。但按照现行办事流程和规则,主要涉及以下几方面内容:选定经营场所、筹措投资资金、店面装潢装饰、申请注册公司、办理税务登记、办理开户手续、招聘服务员工、配置各类设备及其他事项(诸如员工培训、管理规章、行业审批、庆祝开业等)。

一、选定经营场所

宠物美容店的选址一般以人口密度高的住宅小区尤其是在一些大型社区、大商场附近和高档小区为佳。良好的位置是成功的基础，因为一般消费者都有就近消费的习惯，这种特殊的地理位置一方面可以吸引流动人群，另一方面顾客比较容易记住该店铺的地点，介绍"回头客"的时候也会比较容易找到位置。

但要注意抓紧时机，避免同行率先占据有利位置；其次要了解附近小区的入住率以及是否有较多的宠物爱好人士（这是你的目标客户）。总之，选择一个好的经营场地需要着重考虑以下因素：人口流量、交通状况、居民消费水平、租金、房价等；其中，地理因素、交通状况和居民消费水平最为重要；再者，对于经营同类产品的店铺来说，若能集中在某一地段或街区，则更容易招揽顾客，"同行密集客自来"，说的就是这个道理，同行越多，顾客就越多，生意就会越好。在此基础上综合判断决定店铺的地址，只要选对了地方，就不用担心赚不到钱。

二、宠物美容店面的装潢与设计

设计完美的宠物美容店会更容易得到客户的青睐，同时也可以增加宣传效果，所以宠物美容店的装潢装饰与盈利密切相关，而宠物美容店店面的装潢装饰需要根据加盟与否区别对待。

如果选择加盟连锁店，则加盟供应商为了维护连锁企业的整体形象和统一标志需要，根据"统一标志"的原则，加盟总部会给加盟店面提供标准化的专业勘查和设计，并提出装潢的要求和条件以及详细的施工图纸。

如果选择共同自主经营，为了体现创业者的自我品牌形象和服务风格，在店堂装潢装饰方面要注意以下几个方面的设计：

① 接待区。最好用玻璃或其他分割物将接待区和工作区分开。在接待区放置一些椅子、咖啡桌、宠物杂志和书籍、一些小犬及幼犬的照片或自己的宠物美容作品照片、获奖照片、奖品等供宠物主人观赏。也可以放置一些可爱的装饰物和玩具等供宠物玩耍。同时，接待区要放一份醒目的价格表，标明不同种类、大小、类型的宠物美容、护理、寄养等价格。

② 宠物服装、饰品、玩具和食品区。通常安排在接待区对面最醒目的地方，顾客通过玻璃门从店外就能清楚地看到，推开门映入眼帘的就是琳琅满目的宠物服装、饰品、食品等。

③ 宠物洗澡区。为便于水电安装，一般多设在房间的一角，安装浴缸时要考虑美容师的身高，一般安装在美容师腰的位置是最合适的，同时在浴缸周围手方便拿到的地方还要设置放置洗澡用具的架子。

④ 宠物美容区。美容区要宽敞，美容桌应该放置在房间最明亮的地方，比如靠近窗口。在靠近美容桌的墙上挂一个工具板，里面放上宠物美容师需要的工具，以便随时取放；理想的美容桌下面应安装一个可以摆放常用工具和物品的旋转盘。

⑤ 宠物寄养区。笼子应该安排在离美容桌最近的墙边，摆放应最大限度地利用空间，笼子要有不同的大小规格，以便安置不同体型的宠物。

⑥ 外部装饰。外部装饰同内部装饰一样重要。例如，刷成红白条纹色是吸引人的一种外部装饰；橱窗上有美容店的名字标记会更加吸引人，橱窗的展示不仅要好看，还要新颖、独一无二；再放上一些经过完美美容的犬只是最吸引人的，而且这也是对美容技艺最直接的展现方式。

三、申请注册公司

注册公司的目的在于取得工商营业执照，成立合法生产经营企业。微小型企业（公司）

的注册可就近前往工商行政管理局申请办理公司注册手续获得工商营业执照。申请个体工商户或个人独资企业开业登记，除须具备相应的经营能力与条件以及本人提出书面申请外（工商管理部门提供申请表格），还应提供以下相关证明（件）：

① 身份证明：申请人应提供本人身份证。

② 职业状况证明：待业证明或下岗证明；离、退休证；辞退职、停薪留职人员证明文件；农村村民委员会证明；法律法规允许的其他人员的证明。

③ 经营场地证明：租房协议书、产权证明；进入各类市场经营的需经市场管理办公室盖章批准；利用公共空地、路边等公共地方作为经营场地的应提交市政、城管、土地管理等有关职能部门的批准文件或许可证。

④ 从事国家专项规定的行业或经营范围，应提交有关部门的审批文件：投资人签署的个人独资企业设立登记申请书；企业名称预先核准通知书；申请人身份证原件和复印件；职业状况承诺书。

⑤ 企业住所证明：租房协议书、产权证明。

四、办理工商税务登记

个体工商户成功获得工商营业执照以后，自领取营业执照之日起 30 天内，持有关证件、资料，在工商注册或单位所在的区县（地区）地方税务局纳税服务所申报办理开业税务登记。办理税务登记手续还需提供以下材料：

① 营业执照或有关主管部门批准开业的证明。

② 有关合同、章程、协议书；银行开户许可证。

③ 法人或负责人居民身份证；单位公章和财务专用章。

④ 房屋产权证明书或租房协议。

⑤ 技术监督局颁发的全国统一代码证书。

⑥ 税务机关要求提供的其他证件、资料。

五、招聘工作人员

一般来讲，一个宠物美容店至少需要 3 个以上的工作人员，因为 1 人要专门负责接待、咨询，2 人负责宠物的洗澡和护理，有时还要给客户送货等。在雇用人员时，首先要想好自己的店铺需要聘请多少人，聘请什么样的人，这需要根据店面的规模而定。

宠物美容店的服务对象是宠物，宠物美容和护理需要有一定的专业知识和技巧，要求具有较强的实践技能。为了检验应聘人员的真实水平，可根据需要进行实际操作测试，如给应聘人员提供相应材料，对宠物进行美容，或演示如何向顾客销售宠物食品，或让应聘人员随同工作人员一起工作，观察其面对顾客如何应对等。另外，店铺可能还涉及宠物的饰品、玩具、食品等销售，还需要有一定商品营销知识的工作人员。因此，店铺在甄选工作人员时，要对应聘人员的性别、年龄、个性、学历、专业、工作经验、知识技能、社会交往能力等诸多方面加以综合评估。

① 性别和年龄：宠物美容店的顾客以生活和工作条件较好的白领居多，而且宠物美容要求紧跟市场潮流，因此，工作人员以青年男女为佳。

② 专业知识技能：只有具备宠物美容和护理专业知识的人员，在面对顾客的询问和要求时，才能做到游刃有余。

③ 个性和社会交往能力：最好是挑选个性开朗、自信、待人友善、精力充沛者作为工作人员，同时要求有较高的语言表达能力和应变能力，这样才能在实际工作中应对各种各样的事情和各种类型的顾客。

④ 工作经验：宠物美容是一项专业性比较强的工作，如果在开业之初就有经验丰富的熟练人员加盟，会给人一种出手不凡的印象，会吸引大量的回头客。

⑤ 其他：工作人员最好是养过宠物的年轻人，至少能够识别宠物的品种。如果店员没有相应经验的话，可以让店员先参加一些相关宠物知识的培训，这样店员上岗后才能得心应手。此外，有的宠物美容店会提供综合性服务，例如配套的宠物医疗和护理，这就需要投资者花重金招聘专业的宠物美容师和执业兽医，以降低事故的发生概率，因为一起宠物医疗事故或宠物美容事故对宠物店的声誉来说是致命的。

模块三　宠物美容店的经营管理

宠物美容店开办起来以后，如何将店铺经营好，取决于内外各种因素。其中经营者的观念是否先进、正确，是能否搞好店铺经营管理的重要因素之一。因此，如何科学有效地管理宠物美容店，并使之能够持续健康地发展，为投资者带来稳定的回报，是每一位宠物美容店主一直在思索和面临的问题。

一、宠物美容店的经营管理理念

就宠物美容店而言，要牢固树立竞争、市场、效益等观念，并结合宠物美容业的特点而灵活地加以运用，这样才会在激烈的市场竞争中立于不败之地。

不同的经营策略决定了不同的运作模式。如果是以宠物产品销售为主的宠物店，适合开设在人流量较为密集、交通便利的商业地带，产品不要求丰富但定位一定要准确，适合潜在客户需求，定价也可以拥有自由空间；而开设在花鸟市场的宠物店，货源流动量大，经营已成气候，但竞争激烈，适合以宠物产品销售为主，不宜开展宠物美容和宠物寄养业务，产品定位也要严格遵循行规；如果店址设在中高档居民小区，则可以考虑开展宠物产品销售、宠物美容和宠物寄养等多种经营业务，并且可以定期开展一些活动和特殊服务项目以吸引、维护新老顾客。

宠物店经营者应牢固树立诚信的理念，把诚信作为一种资源来看待，诚信管理和经营，并且做好员工的诚信教育，言必行，行必果，取信于民。

加强从业人员的专业培训，提高服务质量和职业素质，不定期地对员工开展技能培训和考核。只有从业人员有过硬的本领和较高的专业技能，才能保障口碑的树立、诚信的实施。

二、宠物美容店的竞争策略

面对激烈的市场竞争，经营者既不能消极逃避，也不能墨守成规，必须积极面对竞争，充分利用各种信息和渠道，制定出科学的竞争策略，才能在激烈的竞争中立于不败之地。

（一）了解竞争对手

了解竞争对手店面的选址、规模、顾客定位有着十分重要的意义。一般情况下，必须明确了解自己在一定范围内和阶段内的 3~5 家重要竞争对手，并重点分析和给予关注，随时掌握竞争对手的基本情况和发展动态，并建立详细的竞争对手档案。

（二）顾客定位

正确的顾客定位是宠物美容店经营成功的关键因素之一。制定竞争策略之前，必须明确宠物美容店的目标顾客。只有明确了顾客定位，才能进一步根据顾客的喜好装修店面、设计室内环境、制定价格和选择促销方式等，才能在竞争中做到有的放矢，直取目标。

（三）形成特色

在仔细分析了主要竞争对手之后，就会发现他们都有各自的特点。经营者要根据竞争对手与自己的实际情况，选择适合自己发展的竞争策略，并认真实施。同时积极地将自己的竞争优势向客户进行宣传，使之成为自己的顾客。如果拥有连竞争对手都认可的优势那就是真正的竞争优势，这样的竞争优势将会吸引特定的客户，使之成为自己的固定老顾客，并且通过他们的口口相传，源源不断地带来新客户。

三、宠物美容店的营销策略

营销是指以适当的服务满足客户的各种需求，是企业所进行的能影响企业与客户之间关系的一切工作。对于宠物店来说，掌握正确的营销技巧是非常重要的。宠物美容店为了生存和发展，必须运用各种方式来达到营销目的，其营销方式主要包括以下几种：

① 以最佳服务提升美容店。用自己独特的美容技术为顾客服务，让宠物开心，让顾客满意，从而建立牢固的客服关系，以不断吸引新老顾客。

② 直接通信推销。在店铺门口、周边路口、大型住宅区、商场出入口等人员密集或宠物数量较多的地方派发信函、印刷品、小册子、节日祝贺函，让人们了解宠物美容店铺的经营项目与特色服务。

③ 网络推销。利用大型公共网站发布宣传信息，在网上开店销售自己的产品和服务，建立自己的专业网站。

四、宠物美容店的促销策略

为了在激烈的市场竞争中生存和发展，经营者要不断进行技术、销售、服务、产品等各个方面的创新。在造型设计方面，除了传统经典的造型之外，美容师可以创新出更加个性、更具特色、更富有创意以及更加时尚的另类装扮，以吸引顾客。在营销手段上，可采取促销模式、会员制度、积分活动等优惠政策，定期推出促销产品、打折产品、特色产品，定期举办宠物知识讲座与宠物用品宣传，节假日进驻小区开展爱宠物活动等。

宠物美容店的促销方式多种多样，目前比较常用的促销方式有以下几种：

① 折价券：使用按面值兑换的折价券，可以对第二次消费的顾客给予优惠让利。折价券应以简单的文字将使用方法、限制范围、有效期等一一描述清楚，同时要尽量避免出现误兑。

② 样品派送，即免费赠送小包装、大众化、有独立品牌的样品，如提供小包装犬粮供宠物犬

试用等。成功的样品派送可使 10%~15% 的试用者变成固定客源,而其促销成本只有折价券的 1/4。

③ 附赠样品。随所售商品附赠有价值的相关商品给客户。赠品与售品有一定的关联,力求突出具有购买吸引力的独立的品牌,最好不要挑选店铺正在销售的商品作为赠品。

④ 减价优惠。减价优惠至少要有 15%~20% 的折扣,并且要有充分的理由,才能吸引客户购买。把原价及减价后的现价同时标注,以形成鲜明对比,但不易过度频繁使用,否则会有损品牌形象。

⑤ 大甩卖,即商品以低于成本或非正常价格的方式来销售,是一种价格利益驱使战术。对商家而言,大甩卖又是一种清仓策略。通过大甩卖,能够集中吸引消费群,刺激人们的购买欲望,在短期内消化掉积压的商品。

⑥ 抽奖促销,即顾客在参与活动、购买商品或消费时,对其给予若干次奖励机会的促销方式,如刮卡兑奖、摇号兑奖、拉环兑奖、包装内藏奖等。

⑦ 印花累计促销。该类促销活动通常要求客户在某一时间内收集两个以上印花标记,以换取免费赠品或折扣。

⑧ 会员制促销,即店铺采用让顾客入会,会员享受内部优惠待遇的促销方式。会员制一般列有详细的入会条款、受惠条款以及需缴纳的入会费用。会员制可以留住基本客户,使经营处于一种稳定状态。

此外,宠物美容店在经营过程中,除了传统的项目如宠物洗澡、美容与用品销售之外,还要根据市场需求积极拓展新的业务。如依托店铺自身的技术优势开展宠物美容培训班,传授宠物的修剪技艺;开展宠物行为训练课程,培养宠物定点大小便、学习日常玩耍中的简单口令;开展宠物寄养、犬只交易、犬只婚介等服务。总之,应根据自己的实际情况开展多种项目,以增强市场竞争力。

五、宠物美容店的物资采购管理

① 制订采购计划:根据前一个月的物资销售量对第二个月进行预测,在月底前编制采购计划和预算;计划外采购或临时增加的项目,应根据实际情况特殊处理并做好备案记录。

② 审批采购计划:财务部对采购计划和报告汇总,并进行审核。对于计划外的采购要求,需根据实际情况灵活处理。

③ 物资采购:采购员根据核准的采购计划,按照物品的名称、规格、型号、数量、单位适时进行采购,以保证及时供应。对计划外和临时少量急需品,可适量采购以保证需要。

④ 物资验收入库:无论是直拨还是入库的采购物资,都必须经仓管员验收;仓管员验收是根据订货样本,按质、按量核对发票验收。验收完成后要在发票上签名或发给验收单,然后需直拨的按手续直拨,需入库的按规定入库。

⑤ 付款:对于采购员采购的大宗物资,经审核后方可付款。

⑥ 报销:采购员报销必须凭验收员签字的发票连同验收单,经核准后方可给予报销。采购员若向个体户购买商品,可通过税务部门开票,因急需而卖方又无发票者,应由卖方写出售货证明并签名盖章,有采购员两人以上的证明及验收员的验收证明后方可给予报销。

六、宠物美容店的客户管理

对宠物美容店而言,收集和分析客户资源、了解自己与竞争对手在销售和服务中的差别等信息，是促进销售、提升业绩的有效途径。如何科学地管理客户和宠物的基本信息，在一定程度上决定了店铺经营的成败。

① 宠物主人档案：包括宠物主人的姓名、性别、地址、职业、单位、电话、电子邮件、家庭经济状况、个人性格、文化水准、兴趣爱好等。收集这些资料有助于了解目标市场的基本情况，了解"谁是我们的客人"。

② 宠物档案：包括饲养宠物的数量、品种、性别、年龄、毛色、毛型、用途（伴侣宠物或比赛犬）、喜欢吃何种饲料、曾患过何种疾病、有无特殊要求等。掌握这些资料有助于店铺选择销售渠道，做好促销工作。

③ 消费档案：包括消费日期、消费类型（如为宠物洗澡、剪毛、染色、护理、寄养或购买宠物食品、宠物玩具等），所购商品的名称、规格、型号、数量、价格和消费金额等，从而更好地了解客户的消费水平、支付能力、消费倾向、信用情况等。

七、公共关系的维护

要想把宠物美容店经营好，经营者除了要处理好与顾客的关系外，还应该处理好以下几个公共关系：

① 与员工之间的关系。工作中应当赏罚分明，纪律严明，认真但不刻板，制造轻松、快乐而又严谨、负责的工作环境。生活中关心员工、爱护帮助员工，创建一个协作、自律、上进、创新的团队。

② 与政府有关部门的关系。美容店与工商、税务、公安、街道、卫生、城管、水电等部门有着密切的关系，因此，一定要处理好这些公共关系。

③ 与周边商家及公众的关系。搞好美容店与周围商家和公众之间的关系也是至关重要的。要处理好宠物可能扰民的问题，保持好美容店周围的卫生以及周围环境的整洁，避免因宠物店的工作而干扰邻家商铺的买卖。

④ 与同行的关系。保持与同行之间的联系，积极参加业内活动，相互学习、相互提高，并及时了解行业的最新进展。

八、宠物美容店的安全管理

安全管理是宠物美容店管理的一个重要方面，加强宠物美容店的安全管理是非常必要的。安全管理的目的是为了消除和控制事故，以及事故一旦发生如何采取办法补救。具体包括以下内容：

① 预防火灾管理。在宠物店内应配备烟感报警器、漏水器、安全逃生图、灭火器等消防设备，并定期检查火灾隐患。例如：防火门的坚固性和自闭性；应急灯是否完好；常用通道和紧急出口电线负荷是否超标；员工是否都知道报警器、灭火器的位置及使用方法；所有防火设备器材是否都放置在指定位置及有无故障；气流调节器（遇火苗自动封闭装置）功能是否正常。

② 预防停电管理。配备紧急照明灯、手电筒、宠物专用热水袋、宠物专用棉被等应急装置。

③ 预防盗窃管理。加强出入口对外来人员的控制，对员工进行严格筛选、不断培训；制定出严格的奖罚措施；加强对员工的监督管理；定期对物资用品进行盘点；禁止上班时间会客，防范联合作案。

附录　犬猫的常见品种

一、常见的犬品种

常见的犬品种

拉布拉多猎犬

比格犬

法国斗牛犬

大麦町犬

喜乐蒂牧羊犬

威尔斯柯基犬

蝴蝶犬

凯利兰㹴犬

贝林登㹴犬

马尔济斯犬

日本狆犬

吉娃娃犬

腊肠犬

萨摩耶犬

西伯利亚雪橇犬

阿拉斯加雪橇犬

边境牧羊犬

英国古代牧羊犬

日本狐狸犬

金毛寻回犬

松狮犬

中国沙皮犬

杜宾犬

苏格兰牧羊犬

二、常见的猫品种

常见的猫品种

美国卷毛猫

欧洲缅甸猫

东方猫

安哥拉猫

新加坡猫

加拿大无毛猫

埃及猫

孟买猫

美国短毛猫

俄罗斯蓝猫

波斯猫

苏格兰折耳猫

布偶猫

暹罗猫

参考文献

[1] [美]苏·达拉斯，戴安娜，诺斯·乔安妮，等. 宠物美容师培训教程[M]. 沈阳：辽宁科技出版社，2008.

[2] 犬美容师培训教程编委会. 犬美容师培训教程[M]. 西安：陕西科学技术出版社，2007.

[3] 张江. 宠物美容与护理[M]. 北京：中国农业出版社，2008.

[4] 王丽华. 宠物美容与服饰[M]. 北京：中国农业出版社，2014.

[5] 曹授俊，钟耀安. 宠物美容与护理[M]. 北京：中国农业出版社，2010.

[6] 王丽华. 宠物保健与美容技术[M]. 北京：高等教育出版社，2009.

[7] 许勇茜. 迷你雪纳瑞[M]. 北京：中国农业出版社，2006.

[8] 王艳立，马明筠. 宠物美容与护理[M]. 北京：化学工业出版社，2015.